TRANSFORMATION
IN THE WORKPLACE

解鎖高效工作能力，加速你的職業生涯成長

職場蛻變

新手到達人的轉變之路

追求更有意義的人生，
實現事業和生活的平衡！

施怡彤 著

深度思考工作和生活的價值，朝著更充實的人生目標前進

強調全方位職場技能的實用性，讓讀者能夠在各個階段獲得成長

目錄

目錄

幸福職場說

自序　職場，人生的「另存新檔」

　　「另存新檔」，是一個我們常用的 windows 系統的專有名詞。在電腦時代，它才出現。在我們原有的詞庫中，並不存在，但不知不覺卻影響著我們的思維。一個文字，原本按設想存檔好後，發現需要調整、修改和最佳化，就只有「另存新檔」，甚至重建檔案名，方可獨立完整保留下來。

　　職場，就如同「另存新檔」。每個進入職場的新人，都懷抱著對職場這片領地的憧憬、熱愛，投身於此，努力地構想好職場藍圖，在頭腦裡儲存下來，希望發生的一切如願以償，達至目標。可是變化是永恆的主題。每一個職場變化都牽動著整份文件。在做職場規劃的時候，我常常透過「時間線」這個練習來引導職場人士，去思考和探索職場發展中的動態變化，反思每個變化背後有否最佳化和提高自己的職業臺階。

　　可是，又有多少人能完全按照設定好的文字一成不變地去實施、執行呢？

　　若更深入理解「另存新檔」，既可以是檢測新版本的最佳化，也可以是舊版本停止執行。兩者的區別在於，職場人士的經驗、背景、資歷、專業是否能夠支撐，每個決策背後所引發

自序

的連鎖反應，都可能是一次「另存新檔」。雖不至於「一招不慎，滿盤皆輸」，但蝴蝶效應的威力不可小覷。

　　心理學中有著名的蝴蝶效應。在巴西亞馬遜熱帶森林裡的一隻蝴蝶，偶然搧動了牠的翅膀，一陣微小的氣流，搖動了身下的小草，驚動了水中潛伏的鱷魚。經過一系列的連鎖反應，在美國德克薩斯州引發了一場巨大的龍捲風。

　　為了珍惜每次「另存新檔」的機會，我曾想，如果職場新人們能遇見一位專家，在關鍵時刻，答疑解惑，親身授意，應對職場江湖上的詭譎莫測，那該多好！

　　美國職場電影《型男飛行日誌》(*Up in the Air*)，就是訴說著這樣一個精采的故事。萊恩，一位深諳職場規則的人力資源管理專家。他每天與許多在職場中遭遇變故的人面談。「現在，讓我們來談談你的未來」這是他最經典的開場白。誠然，面談者往往沉溺於被解僱的陰影裡，他們沒有注意到一個可能出現的未來正擺在他們的眼前。而需要一位第三方的專家，去挖掘、啟發他們在接受現實的時刻，去看待自己即將展開的「rebirth」（重生）。

　　我年輕的時候，遇到過這樣的前輩 —— 她或他，在我的職場成長中給過很多善意的提醒，幫助我發掘自己的優勢，讓我走上了一條適合自己職業發展的道路。

　　寫本書的初衷，就是想把自己的職業發展歷程和積極心理學的研究成果加以結合，讓更多的職場人士能夠一邊經歷，一邊最佳化，讓職業的發展進入更高的平臺。

　　而身為女性，在職場的能力和意識的提升，更是這段「另存新檔」的一個關鍵因素。

　　在農耕時代，傳統女性的社會定位基本就是家庭婦女。男性在外謀生，女性在家照顧家人。女性的所有聰明才智都發揮在了「小家」裡。因此，代代傳習下來的觀念就是：女人就是為家庭而生。易卜生《玩偶之家》「娜拉的出走」，這是女性衝出家庭的第一聲呼喊：路在何方，能走多遠？當時效仿娜拉的女性們，內心就是在這樣的糾結和質疑中，挪步向前邁進。一走幾十年。到了 21 世紀，女性在職場中的數量和分量越來越重，特別是在某些領域。美國加州管理諮商家做了一項調查研究，其結果為：在調查的 31 個專案中，在 28 個專案中女性超過男性。與陳規舊制相反，女性在職能領域的各個方面均優於男性，如完成高品質的工作，辨識潮流趨勢，集納新的思維並付之實踐等。

　　在職場中，女性新的角色更加豐富和延伸了女性自我意識的強化。自我意識是指人對自己身心狀態和客觀世界關係的認識，例如，自己的價值如何，自己如何為家庭以外的社會活動創造出價值等等。透過對自我意識的認識和推進，女性根據職場所提供的資源不斷地自我監督、自我提升和自我完善。女性

自序

的職場角色，在自我意識的完善下，影響著職場女性的道德判斷能力、價值觀趨向、個性形成、行為標準等方面，對女性在組織中可持續發展提供了重要的前提。

從成功案例上分析一下：職場上為數不多的女性高階主管，桑德伯格從 Google 的廣告銷售總監華麗轉身「嫁入」Face-book，擔任首席營運長。對於「為什麼絕大多數女性不能成為公司高階主管」，她認為真正的障礙來自「看不見的，存在於女性自己頭腦中的障礙」。女性似乎很早就認定在事業成功和做賢妻良母之間只能選擇一樣，而現實並非二選一。「盡力勝過求全」的她堅持每天 5 點半準時下班，與家人一起吃飯後再接著工作，明確家裡和工作中最要緊的事，工作效率更高，她是傑出 CEO 的同時也是個好媽媽。還有她認為另外一個原因是，女性在若干次小退縮後徹底喪失與男性競爭的能力，不想辦法拓展自我，在不知不覺間就會停止尋找新的機會，從而落後於男性，導致成就感低，價值感下降，或不被重視，可能進一步降低事業心，因為不再相信她可以到達頂層。

所謂「存在於女性頭腦中的障礙」，其實就是性別角色上的認知定勢。女性從一降生就會被影響終身的負面訊息灌輸，如女性不該勇於直言，不該有進取心，不能比男性權力大等，於是在本該往前靠時卻往後退，儘管兩性在智商測試時表現得同樣出色。

　　透過職場之路，不斷蛻變，蠶蛹化蝶，女性將會遇見一個未知的自己——那個更優秀的妳。最終，讓這段「另存新檔」的人生更為華麗。

　　時光，不像冬天的凍雨，無法凝固，剩下一些內在的東西，在眼不能及的地方悄悄地發酵，繼續它的醞釀。

第一章
走上職場，與過去的美好揮手

今天，我是新進員工

看著鏡子裡的自己，筆挺、合身的灰色西裝小外套，一字裙難掩白皙修長的雙腿，一雙堅貞而明亮的眼眸撲閃著光芒。所有職場新人的期待、盼望、投入，全部擁有！深深呼了一口氣，我毅然轉身。這一轉身，便是人生一段新旅程的開始。

在就業率較低的今天，畢業季的憂愁與哀傷被一波又一波的就業博覽會所淹沒。通訊行業的某知名國營事業是眾多學子爭搶的「金飯碗」。過五關斬六將，我幸運成為了準員工。

「歡迎大家來到公司，我們公司擁有全國最先進的技術中心……」人資在給我們這群新員工進行入職培訓。

我環顧四周，公司人資在給新員工講解公司企業文化，職場新人們懷抱著激動，人人心情忐忑，時不時交頭接耳。周圍陌生的面孔、陌生的環境，讓我感到惴惴不安。

「我們公司以成為世界級綜合資訊服務供應商為目標，秉持不斷創新，不斷進取的企業文化，踏實地朝策略目標前進。這條路荊棘叢生，身為公司一員，我們有自信披荊斬棘，邊探索邊前進，邊修路邊通往成功……」

「以上就是公司企業文化的精髓，公司的成長路充滿傳奇，職業成長之路更是充滿挑戰，希望各位新同事在以後的工作生

活中細細體會，塑造自己的輝煌人生。」一天新員工的培訓下來，我極度疲憊，滿腦子是各種擔心與忐忑，而職場之路才剛剛開始。

「媽，媽！」回到家裡，我仍是小女孩，一如既往地嬌聲呼喚，享受著父母的呵護。

「寶貝，今天第一天上班怎麼樣啊？」聽到媽媽這麼問，我不想說話。好不容易放鬆下來的心情，又像一團揉皺的紙，難以展開。

媽媽沒有得到答案，我卻露出一絲失落：「沒什麼事，只是心中惴惴不安。到公司之後，剛剛開始的職場之路好像布滿荊棘，感覺不到一點安全感，現在回到家，終於可以放鬆了。」我這才倒出自己的苦水。

身為過來人，媽媽了解我的煩惱：「從校園到社會，從家庭千金到職場新人，是人生的一個重大轉折，在這一過程中，你們需要面對新的環境、新的角色，以及激烈的社會競爭、複雜的人際關係等，這些使許多剛走上工作職位的年輕人難以適應，別給自己太大壓力。」看著媽媽體諒關懷的眼神，我內心好像感覺輕鬆點了。

我當然明白這個道理，在就業輔導課上老師也曾經描繪過現實社會和職場的狀況。但剛剛完成學業的我，面對一個看似

熟悉卻陌生的環境，懷抱著理想卻懵懵懂懂一腳踏入，仍會不自覺地開始搭建自我心理的圍牆。

我皺起眉頭默不作聲，心中的理想好像變得越來越模糊。

「他們明天給妳安排了什麼工作呀？」媽媽問道。

「我不知道……」我確實不知道，新人對工作還沒有清晰的認識，這正是安全感缺失的重要原因之一。

「妳今天是第一天上班，不知道明天的工作是很正常的事。但如果妳正式入職，並接觸到工作之後，妳仍然對自己接下來一天的工作沒有一個全面的了解和初步計畫，那妳永遠也擺脫不了職場新人的角色！」

職場也是生活，對明天工作的未知，對下一項工作的未知，難免缺乏安全感，不知道如何面對。怎樣才能很好地融入新的環境中，成為我進入職場後要解決的第一道難題。

我急於辯解：「我的主管沒有跟我說明天做什麼啊！她只是讓我熟悉熟悉工作環境！」

媽媽說：「那妳對環境熟悉到什麼程度了呢？妳需要了解哪些工作環境，妳自己心裡有數嗎？」

我明白媽媽的苦心，我問：「媽媽，那我要怎麼做才能讓自己看起來不那麼像一個職場『菜鳥』呢？」

媽媽笑著摸了摸我的頭髮，說道：「我們要做的並不是成

為一個看起來不像職場『菜鳥』的員工，而是真正做到從學生蛻變成職場達人！成為職場達人，需要累計一筆『職場無形收入』。」

「職場無形收入」我被這個詞一下子啟發了！

媽媽繼續娓娓道來：「『職場無形收入』，包括知識增長、技能提高、經驗累積、觀念轉變……將來若想要站到更高階的發展平臺，這些就將會為妳奠定基礎。一句話就是『今天的無形收入，決定妳明天的有形收入』。」

我親愛的媽媽，不愧為從事思想教育工作的老手，一下子就總結出入職寶典的精華內容！

這天晚上，我與媽媽交流了我一天的所見所聞，直到晚上12 點我才帶著疲憊進入夢鄉。

接下來的一週，我在公司的安排下完成了入職培訓，並在同事的幫助下有計畫地完成了入職的幾項工作：

學習：了解公司的規章制度、經營特點和工作職責。

溝通：與主管、同事溝通，建立起融洽的合作關係。

熟悉環境：深入了解公司各部門情況，掌握電腦、列印機、影印機、傳真機等辦公用品的基本使用方法。

準備工具：加入辦公室群組，做好工作準備。

到了週末，我總感覺悠閒的空氣和往日有些不一樣，舒暢

又愉快。我有寫日記的習慣，晚飯後打開日記本，記錄下第一週職場生活的情緒變化，同時表達自己內心的各種矛盾：

初入職場，內心的企盼與憧憬，壓抑與不安，徬徨與無助，都讓我處於迷茫中。特別是與我一樣剛入職的讀者，基本上都是獨生子女，從小的優越感一直伴隨在成長過程中。但當我們走出家門，踏入社會，我們不再是父母眼中的「寶貝」，我們是真正的社會人，這種角色的根本轉換，很多人都不適應，因此產生了不少的問題。我們為此感到苦惱、困惑，甚至整個社會也感受到了來自這方面的強大壓力。

親情是我們永遠的依靠。父母的寵愛，是我們心靈的避風港。

複雜的社會，它能無條件地寵愛我們嗎？

不，當然不能。所以，我們必須去適應、去調整。在離開學校，走出家門的時候，明確地提醒自己：職場從來不是什麼童話故事，而是現實的人生舞臺！將來的我，將變成怎麼樣？我還不知，但我心中篤定知道我明後天要做什麼。

怡彤老師說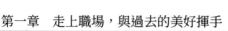

職場中常常能看到兩類人：一種是踏實肯做，髒活累活搶著做，進入職場就把過去的榮譽成績歸零的年輕人；還有一種是秉持過去的優越感，要人寵（誇讚）、要人愛（關注），重活、累

活、髒活不肯做的年輕人。前者快速進入了職業成長期，後者繼續停留在過往的光環下，一直被虛無的優越感籠罩著，但在真刀實槍要求實做的職場中，優越秉性會受到挑戰和質疑。但後者往往不肯放下身段，用內心抵禦著這種變化，糾結在各種抱怨、不滿、憐惜中，過去的核心優勢漸漸成為了詬病。初入職場，名牌大學、優越學歷往往抵不過一個踏實肯做的職業形象。

這兩類人帶著理想和憧憬來到工作場所，想有所作為，但過了一年半載，很多人的心卻涼下來了，其中的原因是現實總與自己的理想工作情況不符合。現實的殘酷有很多種，其中一點就是發現自己要被「修理」。過去看來是率性的表現，今天卻被主管認為是不夠沉穩；以前被誇讚的優點，如今卻成為了挨批的「導火線」。很多人往往經受不住這份氣，於是小則抱怨，大則離職。

我曾在某企業的內部培訓中做過這樣一個調查：一年後只有 30% 的同學還在做第一份工作，其餘都跳過一次以上的槽。此刻，很多人在職場碰到問題是過於純天然（原生性格表現），缺少調味劑（缺乏職業化表現）。

江山易改，本性難移。職場性格是指在原生態性格的基礎上最佳化，目的是更適合職場的生存競爭法則。那如何最佳化職場性格？方法就是塑造職業化。職業化是職場新人進入職場必須具備的基本素養。職場新人應該在工作上，放下身段，採

取歸零思維方式，多學習、多吸收、多接納，聽取更多前輩的意見和建議，不斷修正自己的觀點和看法，讓自己的職業能力迅速提升。

紅色的高跟鞋

　　時光如同握在手中的沙，轉瞬即逝，不經意間我入職已半月有餘。我開始接觸核心業務，好在自己碰到一位和藹可親的師傅 —— 可可。可可是熱心腸，不管我有什麼問題，這位知心大姐總是不厭其煩，鼎力相助。很多年後，我仍然非常感謝可可 —— 我職業生涯的第一任老師。

　　可可是我所在小組的組長，年紀四十歲左右，因為組裡人員較少，可可和組員之間沒有明顯的職位高低差別，就像個有號召力的普通同事一樣。可可不是她的本名，我為了以示尊重，一直喊她可可姐。

　　臨近下班，可可端著一杯茶走到我面前，停了下來。「妳這身衣服真可愛！」可可說道。

　　我低下頭看看自己的韓版裙裝，有些不好意思。這個時候可可繼續說：「明天去見客戶，妳要穿得成熟一點哦！」說完她就走開了。

我聽出可可話中的意思，臉一片緋紅。

剛進公司的時候，我也正經八百地穿襯衫西裝，打扮如知性上班族。但是我所在的部門並不經常面對客戶，所以我看辦公室其他女同事穿著大多以休閒舒適為主，於是也漸漸被同化。我還在群組上跟好姐妹們說，慶幸自己不用穿套裝和高跟鞋。

這次被主管暗示穿得不符合規定，我也覺得很懊惱。下班之後，我帶著惆悵的心情漫無目的地瞎逛，一邊走一邊想著可可對我說的那番話，我意識到自己應該有所改變。我走到街角的一家咖啡館，推門進去，看見窗邊坐著一位很有氣質的老婦人。她滿頭銀髮，別著一個暗紅色的水晶髮夾，腳上穿著紅色的高跟鞋，手裡拿著一隻珍珠手包，身上穿著一襲黑色及膝洋裝，洋裝款式簡潔而沒有多餘的裝飾。她正在看一本法語原版的《巴黎聖母院》。我不禁感慨，多麼有內涵的老婦人啊，精緻的外表下一定有強大的內在支撐！老婦人在翻書的間隔，抬頭和我四目相對，對我微笑點頭。我走到老婦人的桌前，「您好，我可以坐下嗎？」我問道。

「可以，請坐！」老婦人說道。

我坐下之後，老婦人禮貌地打量了我一下，眼睛落在我的藍色帆布鞋上，「小姑娘似乎有話要問我？」老婦人有些疑惑。

我有些不好意思地點點頭，又搖搖頭。我說：「沒有，只是覺得您很優雅，無緣無故地想親近您，希望沒有打擾到您！」

老婦人微笑著搖搖頭說：「當然沒有！妳還是個學生吧？」

我有些愕然，老婦人把我當作還未畢業的學生了？於是我說：「沒有，我已經開始上班了！」

老婦人笑著說：「看來我猜得沒錯，妹妹，給自己換雙鞋吧，讓它帶給妳真正的畢業。」

我心裡有些不自在，可是嘴上還是不服輸地說：「可是我的工作並不需要我穿著套裝，更不需要穿高跟鞋呀？」

老婦人面帶微笑地說：「妳覺得一個女人穿衣打扮是為了什麼呢？」

「女為悅己者容！可是我還沒有悅己者啊。我希望我的那個悅己者能喜歡我的妝扮！」我說。

「妳穿得挺漂亮的，可愛、年輕、有活力！我相信一定有很多人會覺得妳這樣的妝扮漂亮、大方。可是很多時候，我們穿衣打扮還是應該符合我們所在的環境和身分的！外表是陌生人判斷一個人的首要標準，我們不提倡以貌取人，可當我們對別人一無所知的時候，我們也確實只能靠外表評估對方，妳說對吧？」老婦人說。

我低下了頭，小聲地說：「這個道理我也知道啊，我也喜歡

妳身上的黑色裙子和紅色的高跟鞋，可是它們價值不菲，我剛剛畢業⋯⋯」

老婦人說：「得體的標準從來都不是價格昂貴，而是符合身分特點。譬如妳五官端正，漂亮，眼神裡還保留著學生的純粹，在妳不上班的時候，妳身上的服裝非常合適。可是，進入職場，稚氣未脫對於妳並沒有多大的好處，妳就應該盡量弱化這些特點。一件套裝、一雙高跟鞋，足以幫助妳增強自信。一旦妳從內心自信起來，即使再稚嫩的臉龐，也能讓人相信妳的專業。要改變別人對妳的看法，首先要改變妳自己。」我細細揣摩老婦人的話，幾分鐘的對話徹底擊潰了我內心深處的抗拒，也打破了我一直以來的心理防線。

我原先以為自己一般面對的都是自己的同事，工作中並不需要專業的套裝。但可可的暗示和老婦人的勸告，都在提醒我要重新定義自己的裝束。我對老婦人微笑表達了謝意後，走出了咖啡廳，我去了一家大型商場，為自己選購了明天要拜會客戶所穿的套裝，回家後還在網上搜尋了一些關於職場穿著、職場禮儀等方面的專業知識。

第二天，我沒有穿往日的休閒服裝，而是穿上新購置的套裝，雖然整體上看起來還是少了些什麼，但高跟鞋與套裝的搭配已為我稚氣的外表增添了些許專業與知性。這是我第一次面對客戶，整齊的套裝在一定程度上掩蓋了我的緊張，雖然我不

是今天的主角，但是在會談開始時我就感受到了套裝帶給我的自信。

初次嘗試，我切身體會到了高跟鞋和套裝所帶來的巨大作用，從此以後這些成為了我職場中不可或缺的「裝備」。

怡彤老師說

很多年過去了，時至今日，無論是培訓還是會見客戶，我依舊是套裝加配套高跟鞋的「標準配備」，這已成為我多年的習慣了。我常常想，女性在社會裡充當的角色遠不止女兒、妻子和母親等這樣的家庭角色，她們還擔負著更多的社會責任，扮演著許多社會角色，還需要擁有自己的事業和發展空間。妝扮自己，讓自己更加精緻，也能幫助我們在職場中更好地發展自己。

「真金不怕火煉」固然很有性格，但是，也不妨礙大家遵循一下「人靠衣裝，馬靠鞍」這句老話！面對激烈的市場競爭、就業競爭，僅有像歐巴馬的口才還不夠，最好還要有得體的穿衣風格。

我在與很多職場新人交流的時候，常被問起套裝對職場新人心理有哪些影響。我這樣認為：套裝之所以長盛不衰，很重要的原因是它擁有深厚的文化內涵。主流的正裝文化常被人們

打上「有尊嚴、有文化、有教養、有風度、有權威感、有信賴感」的標籤，它會給人帶來很多好處。首先，穿套裝不僅可以矯正坐姿，促進健康呼吸，還有助於增強自信，擺脫幼稚的形象。再次，穿套裝可以較快地融入到新的團隊中，形成「平等心態」和團隊意識。

那如何選擇適合自己的套裝呢？我給出幾個方向：原則上是在物質條件允許的情況下，穿戴要正規，符合自己的特點。身材高大者宜選深色，可避免視覺上的臃腫感；身材矮小者，宜選淺色，能給予人伸展感、擴張感；面龐寬的人，選擇寬翻領的款式較相配；面龐窄的人，選擇窄翻領的款式較相配；年輕人宜選顏色明亮的鮮豔面料，以顯示朝氣蓬勃的風采。

別讓機會從手中溜走

第一個月是了解公司、適應公司、融入公司的重要階段。在這段時間裡，我從了解上班路線、了解工作職責、改變裝扮等基本事情做起，在可可和其他同事的幫助下，在較短時間內擺脫了職場「菜鳥」的羈絆。

「公司內部刊物要做電子雜誌，宣傳部已把業務外包，我們只需要提供稿件給他們，寫稿的工作暫時交給妳囉！有什麼不

懂的事情可以問我。」我一到公司就收到了可可交代的任務。

我問：「是我一個人完成這件事嗎？」

可可堅定地點點頭：「是的，我相信妳，妳能做好的！」

得到可可的肯定，我心裡有一絲絲開心，畢竟這是我第一次獨立完成一個專案。工作難度雖然不高，但我卻卯足了勁兒，決定好好做！

世上沒有輕而易舉的事，表面上很簡單的一項工作，我卻遇到了很多問題。譬如，外包公司的設計師找到我，告訴我電子雜誌排版遇到了困難。他們把我提供的稿件都排完了，發現還剩下半頁空白頁面。設計師問我有沒有多餘的稿件，可以補上去。如果沒有，那麼就只能插張大圖，將這多出的一頁占滿。

我所在的企業，在某些方面還很傳統，一般要求絕對的對稱和工整。這種略帶宣傳性的出版品肯定不能出現象時尚雜誌的那種風格。我和設計師都知道這點，插圖是行不通的，最好的解決方法就是多加一篇文章進去。

這下難倒我了，可可給的文章都已經用上了。我思考了一會兒之後，只好求助於可可。

「可可姐，電子雜誌的排版設計師問還有沒有文章可以放進去，現在差一篇文章。」可可停下手裡工作，看了一眼我：「沒有了，有沒有其他辦法呢？」

我說：「最合理、最實際的方法就是多加一篇文章進去，而其他的辦法也有，只是不知道最後主管那裡能不能通過。」

可可想了片刻說：「還是加一篇文章進去吧，以前也遇到過這樣的問題，一般我們處理的方法就是自己寫一篇文章加進去。妳來寫吧，加到員工藝苑那個欄目去。」

我驚訝地問道：「我寫？」

「是的，妳寫！員工藝苑這個欄目本來就是員工投稿，這篇就算是妳的投稿啊！」可可接著說：「妳寫完了給我看一下就好了！」

雖然我非常熱愛閱讀、寫作，可是這麼突然地「約稿」的確讓我有些措手不及。一個職場新人能寫出什麼關於工作與生活的文章？我有些苦惱：「我什麼都不懂，能寫什麼啊？」

可可笑著對著我說：「妳怎麼會什麼都不懂？寫寫初入職場的心得體會就很好啊。才一個月，妳已經能勝任好多工作了，很快融入到了這個團隊中來。相比大多數的職場新人，妳已經非常優秀了。妳可以把妳如何快速將自己的身分從學生轉換到員工的祕笈分享出來啊，對其他新員工也是莫大的幫助，不是嗎？」

我聽可可這麼說，反倒有些不好意思了。可可哪裡知道我初入職場時的那些不安和徬徨，但我還是很開心，在自己的努

力下快速地融入到工作中，確實有了不小的收穫。我答應了可可的要求，接下了這次「約稿」。

電子雜誌上線了，部門裡的同事看到了我寫的文章，紛紛讚揚我文筆出眾、邏輯清晰。我小小的虛榮心得到了一點點的滿足。我滿心喜悅地開始設想自己安穩的工作，陪在父母身邊安逸的生活。

世事豈能盡如人意？我突然接到外派香港的通知，一切是那麼突然。

香港 ── 燈紅酒綠，花花世界。能有機會走馬看花已是福氣，自己現在有機會常駐，等於變相深度旅遊啦。能近距離了解、接觸，天大的好事！

不，不行。我要是去了香港，父母怎麼辦？他們快六十歲了，身體日漸衰老，他們若生病，我不在身邊，連杯熱水都不能為他們倒。養女兒這麼多年，連這點事都幫不上忙。

我畢竟剛就業，沒什麼經驗，聽了同事們七言八語的分析，非常心慌，不知道要怎麼辦才好。

多年後的我端著一杯熱茶，想起那個時候的自己真是傻傻的，傻得可愛。要不是我的媽媽……哈，耳邊還真是又響起了當時與媽媽的對話：「今天怎麼啦？有什麼事和媽說說。」

聽完我的敘述，老媽斬釘截鐵地說了一個字：「去！」

「媽，您說什麼？」

「寶貝，妳去吧！先不說到了香港能開闊眼界，就是妳自身的能力也不是在媽跟前就能鍛鍊出來的。機遇從來都是留給有準備的人。媽是不想讓妳以後後悔。」

我感動地摟著媽媽哭了。媽媽又說：「比起妳在身邊陪著，我更希望妳能有出息，現在我和妳爸還能照顧自己。再說了，妳總在我們身邊陪著，我們想過二人世界，還必須找妳不在的時候，多累啊！趁著年輕，也讓我們再浪漫一回。」

依偎在媽媽的懷裡，那種甜蜜的幸福讓我笑出了聲，我說：「原來想著我走，是因為你們想浪漫啊？全不顧女兒啦？萬一那邊水土不服，萬一那邊……」

「我女兒是人中龍鳳，經得起大風大浪的，不就是香港嗎？要是真遇到麻煩，只需舉起手臂大聲喊：賜與我力量吧！」媽媽一邊說著，一邊也舉起了手臂，學著卡通片中人物的表情，唯妙唯肖，逗得我前俯後仰，笑個不停。潛伏於心底的憂鬱一掃而光，立刻從內心到外表又回到陽光燦爛。

是啊，母親的寵愛就是陽光。

後來，我才知道被外派香港的真相，居然如此簡單──遇到了伯樂，我那次「湊數」的「約稿」成為了自己被外派的契機。

我不得不承認，自己是幸運的。那篇小文隨著記憶的遠去

而印象全無，但它卻是我人生中的「敲門磚」。我之所以在職場生涯中能夠漸行漸美，越來越感受到處處蕩漾著的幸福，全賴於它。

怡彤老師說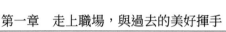

　　回想起來，我在很短時間內就經歷了一次職場上的變動。這次變動猶如突然而至的春天，一下子讓我感受到忽如一夜春風來的氣息，而職場的春天，往往是人心思變最集中的時期。我現在分析當時的猶豫與忐忑，是因為這個選擇不由我做主。工作到底是為了什麼，我曾認為是為了父母，後來漸漸想明白了，是為自己而工作，為了實現自我。我很感謝當時父母的開明，沒有禁錮我，而是讓我去展翅飛翔。

　　有一位高階主管曾說，職場的變，有時候不在於需要，而在於證明。那到底是證明什麼呢？從心理學的角度而言，證明必須是一個強而有力的說服動力。因此，職場動力，在變化之前，各位是否都能看得清楚呢？

　　我想引用一句話：「沒有工作，所有生命都會墮落。但當工作欠缺了靈魂，生命將會窒息。」

　　如果工作的動力足夠強，那麼你在工作中的使命感、滿意度都會大大提升。你的生命因工作而變得更加旺盛、繁茂和充

滿活力。工作所蘊含的靈魂是什麼呢？如果能夠找到它，動力也會更加動力十足。

當我們將積極心理學應用在工作上時，我們會不約而同地強調「選擇事業的原因」——工作的基本動力。因為如賽里格曼教授（Martin E. P. Seligman）所言，人生滿足感的方程式包括快樂＋投入＋意義。

按照這個程式，如果我們要活得精采，我們需要面對的一個主要問題便是「在存活的程序中，我們選擇做一些事的意義是什麼」。當我們選擇了一種職業，在這個行業投入時間和努力會為我們帶來什麼意義。只有想明白這些，工作才不會乏味。因為事業成功的人，總能在每種工作中尋找賦予自身的意義。

這裡，也請你寫下屬於自己人生滿足感的方程式：

人生滿足感＝快樂＋投入＋意義

即：

人生滿足感（Life Satisfaction）：＿＿＿＿＿＿

快樂（Pleasure）：＿＿＿＿＿＿

投入（Engagement）：＿＿＿＿＿＿

意義（Meaning）：＿＿＿＿＿＿

職場第一個挑戰 ── 別說「我不知道」

「到香港一個多月了，我對這個曾經陌生的城市也漸漸熟悉起來。對於這個城市，我有些害怕又有些嚮往。害怕當我熟知這個城市的大街小巷後，又要面對離開時的傷感，但是我同時又迫切地想了解這個城市的每一寸美好……」

我闔上日記本，端起手邊的茶杯，揭開蓋子，一股煙飄了起來。

「凱莉，走啦，去吃飯！」中午休息，我關了電腦螢幕，邀同事一起下樓吃飯。

「哎，妳幫我買好了。Excel 又出問題了，這個公式怎麼都用不了！」凱莉說。凱莉是香港辦事處的銷售助理，因辦事處人不多，大部分員工都在同一間大的辦公室裡辦公。雖然各屬於不同的部門，但彼此又都非常熟悉，因為凱莉和我是同一時間進公司，我和凱莉又特別親密一些。

我說：「哎呀，哪有做得完的工作，坐了一上午，我們出去走走嘛！」

「那妳幫我看看這個？離完成就一步之遙了，幫幫我吧！」凱莉有些為難。

我禁不住別人哀求：「其實我也不是很懂……不過我可以試

一試。」說完我就來到凱莉的電腦前。

我看了看，熟練地動動滑鼠，幾秒鐘之後，問題迎刃而解。凱莉大讚我專業，我們開心地往電梯間走去。

吃完飯，凱莉對我說：「妳有沒有覺得妳很喜歡妄自菲薄？」

我驚訝地轉過頭看著凱莉，「有嗎？沒有吧！」說完之後，我心裡還有點小高興，心想，被人認為妄自菲薄總比被認為狂妄自大好吧！

凱莉說：「有啊，我覺得妳太過於謙虛了！」

我和凱莉雖是同事，但兩人之間有朋友的情誼存在，說話也比較直接。「謙虛不是好事嗎？」我問道。

凱莉立刻回答：「當然是好事啊！不過……」

我打斷了凱莉的話說：「我知道，妳要說過分謙虛就是驕傲嘛！」

凱莉輕輕地拍了嘻嘻哈哈的我，接著說：「別調皮了！妳不是那種過分謙虛，我總覺得妳喜歡把自己想得很糟，但實際上妳比自己想的要優秀得多！」

我趕緊說：「哪裡！妳又逗我開心。」

凱莉說：「心理學上有個盧維斯定理，妳聽說過嗎？」

「沒有！內容是什麼？妳說來我聽聽。」我表面上漫不經心地打趣，心裡其實已經非常在意。

凱莉說：「妳看妳，一點兒正經都沒有！我大學可是輔修心理學的。在美國有個很著名的心理學家盧維斯，他提出：謙虛不是把自己想得很糟，而是完全不想自己。」

我有些疑惑了，我還是第一次聽說心理學可以這樣在職場中應用，興趣一下子就被激發了：「我不是很懂這句話，妳再多說一點。」

凱莉卻故弄玄虛地說：「只可意會不可言傳！」

我也只好假裝不放在心上，兩人又嘻嘻哈哈回公司了。

凱莉幾句無意的話卻引起了我的注意。在那之後，我一直在思考這句話背後的深意，一邊思考，一邊開始留意自己的言行。

我發現，我總是有意無意地喜歡說：「我不知道……」、「我不是很懂……」、「我其實不會這個……」就像凱莉說的那樣，我喜歡把自己說得很糟。每當有工作分配到我的手上，我總是會將這類言詞脫口而出。這讓其他同事總是露出不信任的表情，好似我一定會把工作搞砸。當我順利完成任務的時候，同事們很少表示讚許，彷彿我就是勝在僥倖上而已。

「我是不是有些虛偽啊！」我開始在心裡反問自己。小時候

我讀《論語》裡面寫：知之為知之，不知為不知。我覺得自己知道卻假裝不知道，這確實有點「虛偽」。

當時的我雖然還不明白什麼是盧維斯定理，但我決定改變自己，讓自己學會真正謙虛。當兩個人並不是那麼熟悉的時候，我們的交流僅限於一些顯而易見的方式，如言語和文字。這個時候我們虛假地表示自己「不知道」、「不太會」會讓別人真的以為你非常糟糕、程度不好，這直接導致了自己的專業被質疑。當我們把自己說得很糟糕的時候，內心也在加強自己很糟糕的想法，這明顯不利於我們樹立自信心。

接下來，我規定自己和「我不知道」說再見，再有人讓我解決問題的時候，我會下意識地對自己說，不要把「我不知道……」脫口而出。知道就是知道，不知道就是不知道。我發現大膽承認自己知道的事，並沒有讓自己顯得高傲自大，反而從同事那裡獲得了更多的信任，大家更加樂於把事情交給我去辦。

怡彤老師說 ………………………………………………

我想詳細為大家講解一下盧維斯定理。盧維斯是美國的一名心理學家，他憑藉多年的工作經驗提出：謙虛不是把自己想得很糟，而是完全不想自己。如果把自己想得太好，就很容易將別人想得很糟。

孔子是古代著名的大思想家、教育家，學識淵博，但從不自滿。他在周遊列國時，去晉國的路上，遇見一個七歲的孩子攔路，要他回答兩個問題才讓路。其一：鵝的叫聲為什麼大。孔子答道：鵝的脖子長，所以叫聲大。孩子說：青蛙的脖子很短，為什麼叫聲也很大呢？孔子無言以對。他慚愧地對學生說，我不如你，你可以做我的老師啊！

即使是聖人，在專長的領域之外，也要保持謙虛的心態，把自己放在最低的位置。

很多人會問我一個問題：如何掌握鋒芒畢露和過分謙虛的尺度？剛進入職場的新人在工作中可不可以盡情發揮自己的才能？

我想用盧維斯定理說明：在職場上，可別因為過分謙虛而失去了彰顯自己才華的機會。任何公司或是企業，都希望有謙虛且有能力的員工，所以別把自己偽裝成一無是處的人。建議讀者可以憑著在學校獲得的自學能力，慢慢雕琢自己，使自己真正變成職場的寶石。但所謂「樹大招風」，不要一開始就讓自己太突出、與眾不同。比起顯示自己的能力，這個時期在了解工作上下功夫更為重要。關於工作上的提案或自我表現，待一切熟悉後便可盡情發揮，一定不能一味地鋒芒畢露。

真正的謙虛是不會讓人覺得你「虛偽」和「不真實」的。做

人一定要謙虛，狂妄自大的人在哪裡都不被歡迎。職場新人更是應該謙虛謹慎，快速成長的祕訣首先是多向職場前輩們學習，先模仿再創新，這遠比自負自大有用得多。其次，謙虛也要拿捏適當的分寸，過分謙虛就會變成驕傲、虛偽。過分謙虛也會讓自己在心理上不斷聚集負能量，這不利於新人成長。

職場新人剛走出象牙塔，進入社會，面對社會和學校的巨大反差，總是會有些驚慌失措。沒有經驗、稚氣未脫，讓他們不自信。為了縮短自己和職場達人的距離，職場新人有時盲目地跟從書本、老師傳授的經驗。謙虛固然是好，但謙虛也是要有尺度。掌握好謙虛的尺度，才是職場常青的重要保障。

第二章
靜下來，以最佳狀態繼續下去

由事實看穿本質

　　辦公室裡氣氛凝重，老王和唐崧正在對峙。唐崧是總公司負責人的姪子，因在總公司闖了禍而被「發配」到香港。唐崧的背景眾所周知，對於他的橫行霸道，大家敢怒不敢言，而今天這事，確實讓老王難辦。

　　王威是香港辦事處業務部的主要負責人，是一個年輕有為的高階主管。王威和我們有一定的職位差別，但大家都親切地叫他老王，我為了以示尊重，一直叫王哥。

　　「一大早把我叫到公司，就為了這點小事？」唐崧顯然有些煩躁。

　　「唐崧，你平時的出缺勤情況，我很少過問，可你這次惹這麼大的禍我怎麼跟上面交代？」老王在氣勢上明顯矮了一截。

　　「你該怎麼交代就怎麼交代，我管不了！」唐崧看了老王一眼。我剛剛到公司，並不知道事情的原委，疑惑地看著旁邊的同事，同事們示意我不要說話，偷偷拉我坐下。我的辦公桌正對著老王，唐崧則坐在我的背後。

　　我的位置一下子成為了暴風雨的中心。

　　「我交代不了！」老王被徹底激怒了，指著唐崧說：「你現在就去向張總道歉，什麼時候原諒你，你再回來上班！」

唐崧還是第一次看到老王這樣發飆，也許覺得自己理虧，他也沒有說什麼，杯子「碰」地一聲砸在座位上，提著公事包出去了。

「怡彤！妳給我盯著他，別給我惹出更大的麻煩！」老王對著我一喊，我莫名其妙地被派了出去。

此刻的我還不知道出了什麼事，看到老王這把火，也不好說什麼，提起包包，小跑追上唐崧。我剛到辦事處一個多月，只知道唐崧有人撐腰，其他則知之甚少。

「妳跟來幹嘛？」唐崧還在氣頭上，大聲對著我喊。

「王哥讓我來幫忙你！」我肚子裡也是一把火，「誰想來啊……」我轉過身，看著電梯裡的鏡子。鏡子裡面的我，臉鼓鼓的，雙手交叉在胸前，一副拒絕的姿態。我心想，有什麼大不了的，大不了開除我，何況你唐崧還到不了一手遮天的地步。我就這樣迎來了人生的第一次職場大考。

路上，我並沒有和唐崧談到相關話題，只聽老王說要來道歉。我知道不會從唐崧這裡得到真正的答案，所以完全沒必要自取其辱。我跟著唐崧來到目的地，唐崧有些尷尬地到去櫃檯遞上了名片，櫃檯讓我和唐崧在會客室等著，沒人過來倒杯水，也沒有下文，我倆就傻傻地等著。

時間一分一秒過去了，沒有任何人來搭理我們，我也沒準

備搭理唐崧，起身去洗手間。

　　從洗手間返回大廳的路上，我看到一位女士拄著柺杖，正艱難地往洗手間方向挪動，我想也沒有想，就走上去扶住那位女士。

　　「您慢慢來，前面洗手間的地板好像剛拖過，很滑，我扶您進去吧！」我對女士說。

　　「真是謝謝妳。」女士的表情放鬆了一些，慶幸有人扶自己，不然不知道還要多久才能到洗手間。

　　「您客氣了，舉手之勞，您真敬業，受了傷還要到公司上班。」我不禁佩服道。

　　「我也不想啊，如果不是昨天遇見了一個人，也不會這麼狼狽。今天有個非常重要的會議，不得不出席。」女士可能發覺自己在一個陌生人面前抱怨有些不合適，說到一半就戛然而止。

　　我把女士送進洗手間，準備回會客室，但又覺得讓一個「受傷」的人獨自回辦公室有些不厚道，反正現在回去也是和唐崧賭氣，那還不如把這位女士送回辦公室。

　　那位女士從廁所出來的時候，看到我並沒有走，顯然有幾分驚訝，但更多的是感謝。我扶著她走到辦公室，看到她的辦公室門上寫著「技術支援部·張鑫欣總監」。

　　這個該不會是老王口中的「張總」吧？我思考了一下，面前

這位很有可能就是甲方公司的主管，也不知道唐崧怎麼得罪人了，我想趕緊溜回會客室，找唐崧問清楚。

張總開了口：「謝謝妳，妳是哪個部門的？新來的嗎？我好像沒有見過妳！」我趕緊笑著說：「不客氣不客氣，我不是你們公司的……」說完之後，心裡後悔死了。這下慘了，自己連事情的原委都不知道，這樣冒冒失失見到了當事人，會不會讓情況更糟呢？

張總說：「那妳是……」

我只好硬著頭皮說：「我是資訊公司的，我叫怡彤，我跟著唐崧一起來的！」張總的臉上立刻蒙上了一層寒霜。我心裡雖有些著急，可還算淡定。我根本不知道事情的嚴重性，也沒有太多顧忌，而且張總樸質、敦厚的長相，讓我稍微有些放鬆。

張總說：「你們來幹什麼？」語調裡聽不出情緒。

我說：「來道歉！」我在心裡想，最多把我轟出去，總不至於把我吃了吧！說完之後我彷彿在等著張總向我發火，誰知道張總居然噗嗤一聲笑了。

張總說：「妳很勇敢，妳不緊張嗎？」

我搖搖頭說：「我很緊張！可是我們做錯事來道歉。」

張總點點頭，對我說：「有膽識，妳回去跟王威說，唐崧的所作所為是個人行為，和你們公司無關，我對你們公司的信任

並不會因為唐崧這樣的人而有所打折，反而會因為妳的勇敢和熱情有所增加。」

說完之後就讓我和唐崧一起回去。我就這樣莫名其妙地像顆子彈被打了出來，又莫名其妙被擋了回去。回到公司，我把事件的始末跟王威做了彙報，王威緊繃的神經才得以放鬆。

事後我才得知事情的原委，「昨天，唐崧去送工程專案，結果張總對專案中的一些部分有疑問，而這些部分剛好是唐崧負責的部分。唐崧在和張總討論的過程中著急了，情急之下把放在圖紙上的筆記型電腦推到地上，剛好砸在張總的腳上。」

我在不知原委的情況下，勇敢地向張總道歉，不卑不亢的態度得到了張總的尊重。但凡做大事的人，一般不會在這種小事上跟人計較，張總也並沒有因此多為難我。

事後，我想起這件事，也不知道是該慶幸還是自豪，這也算是順利平息了職場中的第一場風波，我的勇敢不僅幫助公司解決了難題，也讓王威對我的能力刮目相看了。

怡彤老師說 ··

在我再回想這段經歷的時候，唐崧那囂張的氣焰、火爆的脾氣還歷歷在目。唐崧擁有我們普通人不具備的身分，這是我、老王等人望塵莫及且無法改變的，不能說不羨慕嫉妒恨，

但只能坦然接受這個現實。我們不能選擇與誰共事，但是我們能選擇以何種心態與之往來。

　　現在的職場更加公平、透明，能力逐漸成為核心競爭力，這給更多有著夢想的年輕人機會，但我們在職場中依舊會遇到各式各樣的人或事，不按常理行事的上司、強硬的客戶等。這的確讓人頭痛。該怎麼辦？逃避不是解決問題的途徑，我建議大家面對不同的環境以及不同的人，分析具體問題。在日常工作中處處留心，辦事有條理、遇事不忙亂，不給好事者留下挑撥的藉口。如我之前遇到的唐崧，他所有的條件不是我能夠具有的，面對他的蠻橫，我並沒有耍「公主」脾氣，而是有條不紊，靈活應對。

　　另外，職場新人積極、主動的「好人心態」是可取的，一切以主要業務提高業績為主，這才是行走職場的關鍵所在。

　　我想平淡、就事論事的心態是我能順利處理唐崧惹禍事件的原因之一。每個人在職場中都是平等的，如果自己把自己的位置放得很低，難免就會顯得底氣不足。我們都是來為公司做事的，有什麼不一樣呢？只有這樣想，氣場才會變得強大，才能讓對方尊重你、敬重你。很多新入職場的人問我如何處理突發性業務事件，我給大家幾條建議：

■ 建議一,拒絕工作中的「不小心」

這個世界上,每天都因「不小心」而有許多悲劇發生,人身傷亡和財產損失簡直無法估量。在工作中,精確與忠誠是一對「孿生兄弟」。一個員工有做事精確的良好習慣,要比他的聰明和專長更重要。人總會犯各種錯誤,究其原因,或是由於觀察得不仔細,或是由於思想不縝密,或是因為缺少足夠的理智,或是因為行動的粗劣。只有做事認真才能避免那些「不小心」帶來的悲劇。

■ 建議二,建立嚴格的秩序

缺乏明確的規章制度,在工作中便容易產生混亂引發各種問題。「沒有規矩,不成方圓」,這句古話形象地說明了秩序的重要性。同樣,如果有令不行,有章不循,每個人都按照自己的意願隨意行事,只能造成資源的浪費,甚至產生很多不能預料的苦果。只有理清這些「無序」的起因,才能預防工作中的突發事件;或者當突發事件發生後,能及時對症下藥,解決問題。

■ 建議三,多一點助人意識

人在職場,我們不僅要把自己的工作做好,還要善於助人。合理的助人能讓自己的工作變得更加圓滿出色,能將突發事件的不良影響降到最低。想他人所未想,你才能隨時應對突

發的各種問題，才能把「泥飯碗」變為「金飯碗」。這樣的人一般是不會「下課」的，因為別人的需要就是他們生存的最好條件。

融入還是排斥？

我走在回公寓的路上，那些放了學不回家的孩子在社區廣場上追逐嬉戲，有些家長在旁邊厲聲叮囑，這些不禁又讓我開始想家。來到香港，有憂愁，有失落，但也有驚喜。

我寫的文章在總公司的內部刊物上陸續刊登。為了鼓勵員工投稿，總公司的宣傳部門決定拿我當形象人物。這下可把我忙壞了，不僅要寫稿，還要配合攝影師在公司內拍「個人寫真」。

宣傳部門對這件事情特別重視，專門請來了一個攝影團隊來完成這項工作。我有種身在福中不知福的感覺，在鏡頭面前顯得很「菜鳥」，各種攝影動作和表情都比較生硬。拍照對我來說是件苦差事。

剛開始拍攝，對一切還都不熟悉，也不敢貿然行事，攝影師怎麼說，我就怎麼做。更苦惱的是，攝影師把拍攝地點設在辦公室裡，這讓我很煩惱。倒不是擔心不上鏡，主要是在同事們面前擺 POSE 還是很困難。

面對有些同事的「冷眼旁觀」，我胸中有些怨氣，礙於自己剛進公司，只好把火氣一壓再壓。不過，笑容的味道已與平常有所不同，我用具有深意的目光直盯著那個攝影師。

做好各種準備之後，攝影師控制著自己身體的角度，鏡頭對準我。我在鏡頭面前的表情倒還算豐富，可無論哪一種都透出僵硬。下午三點半，一直在鏡頭後面看著我的攝影師終於舉起了白旗，對大夥喊了一聲：「收工。」

我疑惑地看著攝影師那張終於沒被相機擋住的臉，有些靦腆地說：「妳剛才聽到『害羞』兩個字時，笑得非常自然，一切剛剛好，可以收工了。」

在總公司的內部刊物上獲得形象人物的機會，這對職場新人來說是莫大的榮幸，有些人一輩子可能都不會擁有這樣的機會。我是個幸運兒，意外獲得了刊登文章的機會，又莫名其妙地獲得了總公司的「榜樣」資格，但這背後不僅有艱辛，還要面臨職場中的人情冷暖。

拍攝工作終於結束了，看看時間，離下班還有一個小時。我這才想起來手上還有一些工作。收拾好我回到自己的崗位。

回到自己的位置，我就覺得四周有異樣的眼光在看著自己。

「任務都結束啦？」老王先開了口，「現在離下班也沒有多少時間了，妳可以提前下班回家。」

「我手上還有工作沒有做完啊！」我邊說邊彎下腰開啟電腦，這個時候聽見隔壁的同事小聲說：「裝模作樣！」

我呆住了，不知道自己哪裡做錯了，怎麼會得罪到同事？我自從來到了這裡，凡事都小心謹慎，基本上沒有出過錯。別人怎麼做我就怎麼做，我在這無親無故，如果和同事關係還處不好，那豈不是很悲慘？自己好端端的，怎麼就得罪同事了呢？我很難過，有些不知所措。

我深深吸了口氣，坐下來想，自己和別人的略微不同就足以觸碰到別人的禁區。我的穿衣打扮變得正式化，每天妝扮得非常精神、得體。我對工作的態度也很認真，可是辦公室是一個人多事少的地方，大家已經習慣了懶懶散散，我積極的態度一下子就反襯出他人的消極怠工，這當然會讓個別同事感到不高興。

難道我就應該跟他們一樣，自由、散漫，工作得過且過嗎？我剛冒出了這個念頭，心裡就生出另外一個聲音告訴我 —— 絕不可以！

這個時候電腦已經進入了系統，我挺直腰和背，點開文件，開始了自己的日常工作。

怡彤老師說

　　我現在想起那段受人「白眼」的時光，倒是有種慶幸的心理，我沒有被那些人同化，而是堅持做最真實的自己。我感謝我得到了公司的「獎勵」，如果你以後有機會成為管理者，要善用「獎勵」這個激勵手段鼓勵新人。「獎勵」是公司為了造成某種作用而做出的決策，例如，我在公司的內部刊物上發表了很多優秀的文章，我的行為得到了公司的認可，被當作榜樣。這既是對職場新人的「獎勵」，也是公司管理的重要手段。

　　面對突如其來的「恩惠」，職場新人需要謙虛、謹慎，因為你可能因此變成他人的眼中釘、肉中刺，也可能藉此機會完成職場的一系列轉變。這兩種結果都取決於自己的態度。新人不等於弱者，在做到謙虛、謹慎的同時，要保持平穩良好的心態，勇敢地接受來自公司的一切獎勵。

　　進入一個相對陌生的環境，我們需要迅速融合，迅速成長。每一家公司都有自己的行事風格，我們可能看不慣，但這是職場、這是事實。我們無法以一己之力改變這種情況，想要得到別人的承認、尊重，給你機會，那你就必須脫穎而出，即使被那些消極的人唾棄，也不要放棄，因為我們不需要得到弱者的認同。

　　說到這裡，我想補充一下心理學知識。例如，之前看不慣

我積極主動工作的同事，或許安逸穩定的工作讓他們陷入一種溫水的環境中，但太安逸享受會讓人行事消極。消極是一種思維和行為慣性。職場中的人，一旦染上這類毛病，職場人生十有八九黯淡無光，同時還會讓親近的人受影響，所以要遠離職場消極群體。各位職場新人、職場達人有必要給自己提個醒。

那我們為何容易消極？從遺傳學來看，人並不是天生消極的產物，但從進化學來看，人類的頭腦是有「負面偏好」機制的，它是指人會更多注意負面訊息和時間。消極正好滿足「負面偏好」的機制。美國心理學家羅伊‧鮑梅斯特（Roy Frederick Baumeister）等人曾經寫過一篇很長的文章〈壞比好更強大〉。其中，就談到「壞印象比好印象更容易形成，人們更擅長記得或處理壞訊息」。因此，所謂的「壞」事情、「壞」印象、「壞」言行、訊息都成了滋生「消極」思維和行為的土壤。我們日常的生存環境中常常圍繞著「強化負面，縮小正面，誇大消極，弱化積極」的氛圍，也造成了一定的反作用。

職場小社會反映大世界。消極如感冒病菌，無處不在，散播極快。我有一次在培訓中設計了一個遊戲。兩個小組各耳語傳播兩個訊息：一個積極的好訊息和一個消極的壞訊息。前者字數少，後者字數多。最後檢驗小組人員對訊息的傳播失真率。結果回饋，字數多的消極訊息傳播失真率低，而字數少的積極訊息傳播失真率高。由此可見，消極的感染性和傳播範圍

不容小覷。

　　帶著消極思維和行為的人，在職場中，往往有什麼表現呢？其實他們在生活中也都很接近。消極人群可概括為 9 個特徵：

- 喜歡抱怨的人

- 過分依賴的人

- 極度敏感的人

- 咄咄逼人的人

- 肆無忌憚的人

- 不會說謝謝的人

- 沒有信用的人

- 自私的人

- 不肯做出承諾，又不放手的人

　　消極是職場「毒藥」。職場消極人群的語言中常出現很多負面、否定的詞語。語言是思維結果，行為是語言的演繹。消極的人自身往往意識不到自己的消極。我問過很多消極的人，他們並不認為自己處在消極之中，而是認為這是真實的現狀。我也看到不少「積極」的人喜歡與消極的人爭辯，希望消極的人得到改變。事實上，這是徒然的。消極的思維慣性力量之大，不

是一般人可以輕易改變的。認知改變、認知重組、慣性養成是一系列專業人員採取的方式。最後成功與否還要取決於消極的人是否願意改變。

因此，在職場中，我們要保持自己積極的心理狀態。為此最容易做到的就是「遠離」—— 在內心建立一種免疫力。不要讓危害大、破壞強的訊息源突破內心防線，感染了我們。

加強內心免疫力的幾個步驟：

1. 盡量遠離職場消極人群（如上述的 9 個特徵）。如果不能遠離，如老闆、上司等人，那麼就多關注對方的積極層面（任何人都有積極面等待你發現）。

2. 建立自己的積極心態。每天在睡前或上下班路上，自己靜靜回憶一下今天所遇到的積極人物和發生的積極事情。多儲存積極的記憶，少看一些來自媒體的負面報導，降低負面慣性。

3. 每天用言語肯定自己，不少於 1 件事。肯定自己可以是默默在內心念叨，也可以寫成文字記錄下來。每天肯定自己 1 件事，這對很多職場人而言是可以做到的。

職場新鮮人，不可能也要變成可能

到香港快三個月了，除了家、辦公室兩點一線的生活軌跡之外，我對香港的了解還寥寥無幾。職場靠的是一口氣，在職場新人的字典裡即便有「不行」兩個字，也盡量要少發出「不行」兩個音。

這天早上，我帶著忐忑的心情早早來到了公司，我知道，王威一大早就在公司裡等著要一個答案。

事情是這樣的，就在昨天，正當我收拾好東西準備下班的時候，王威走到我跟前說：「今年我要調走了，可是我們行銷中心的工作還沒有完成，為了儘早完成中心的工作，我打算臨時讓妳分擔一些業務量，妳有沒有這個信心完成工作？」

王威的困惑也是香港辦事處的困境，年底將至，如果行銷中心的工作沒有完成，那麼香港辦事處有變成總公司「雞肋」的風險。這個問題如晴天霹靂，我從來沒有想過要面對未知的客戶，我只想做好助理的工作，再說我根本不知道什麼是銷售，對產品的技術問題也還是一知半解。

在職場，機會永遠是留給有準備的人的。王威也知道這件事對我來說是個極大的挑戰，但他也沒有辦法，他還是給剛剛進入職場的我留有餘地：「妳不用著急回答我，明天上班的時候

給我答案吧，要是不行我再找別人。」王威臨走前的話語已經刺痛了我爭強好勝的心，而王威所要的正是這種效果。

「妳行不行？這是我們公司的產品簡介和技術說明，妳拿去看看，一個小時後我們去會議室。」還沒有待我回答行還是不行，王威已經把資料交到我手上，我心裡明白，面對這個任務我無法拒絕。

「倔強」是我的天性，初出茅廬在此刻是絕不會退縮的，我一口氣把材料看完，不到一小時我已經來到會議室。我的到來，王威並不感到意外，他了解我不服輸的個性，他示意我坐了下來。

在會議上，我的出現得到了大家的熱烈歡迎，但我內心卻忐忑不安。在我還沒有回過神來的時候，真刀實槍的商戰就要開始，我已經被動地捲入其中。從今天開始我將帶著公司的簡介和產品說明書去敲開客戶的大門，「撬開」我那隱藏在內心的羞澀。

銅鑼灣的街道我來過很多次，可從來沒有像這回這樣無助。我在街上徘徊著，本來已經約好的幾個客戶都很「忙」，大多是應付我一下，而今天就剩下最後一個目標了，我懷著不安的心情走進客戶公司的大廳。

「小姐，妳先在這坐一下，我們經理現在正在開會，過一會

兒我通知妳。」

　　面對口齒伶俐且自信的經理助理，我很羨慕。雖然走進來之前我鼓勵自己要拿出勇氣，可我依然沒多少信心。

　　沒過多久，我獲准進入客戶辦公室，由於今天已經有幾次拜訪客戶的經驗，這次與客戶的會面我沒有那麼緊張。我不是很熟練地將公司的產品和技術特點背了出來，自我感覺還好，沒有像前幾次那麼難堪。

　　接連幾天，我拖著疲累的身體回到辦公室，突然感到辦公室的環境是如此舒服、放鬆。我逐漸認識到市場競爭殘酷，在這個過程中，我被刁難過、斥責過，有好幾個晚上我甚至躲在被窩裡流淚。

　　晚上次到家，接到媽媽的電話，我懶懶回應著媽媽的溫暖叮囑。「妳怎麼了？妳今天晚上怎麼怪怪的？」媽媽關切地問道。

　　我把這幾天遇到的情況告訴了媽媽：「我現在被臨時調到行銷中心幫忙，我們公司的這些客戶太難應付了，經常約不到人，有的時候好不容易約到了，可還不被討好，我整天累得要死的還是沒有像樣的合約。媽！我是不是不適合這份工作，是不是應該重新回到原來的工作職位呀？」

　　在電話的另一頭，媽媽聽出了我的困境，她很擔心我，可

她仍保持淡定，她希望我能夠自己走出來，「還真看不出來，我的女兒真人不露相，竟然還能做銷售！雖然累，媽媽希望妳能堅持下去，這是難得的鍛鍊機會。媽媽要說的是，我們都是凡人，都需要透過鍛鍊、努力，才能提高自己的成績。在機會面前，我們要控制自己的情緒，不要把困難誇大，這只是一個普通行銷人員的普通工作而已。」

第二天，在團隊小組成員會上，王威問我最近的客戶情況，並鼓勵我將這幾天的工作情況向大家說明一下。在王威的堅持和幫助下，我很認真地做了一次客戶總結，在提到自己不足的同時，還向其他團隊成員請教了一些業務上的問題。所有的問題終於解開了，在改變溝通方式、內容，改變自己形象後，我繼續與客戶「周旋」。在接下來的幾天裡，我非常激動，我順利地和幾個客戶建立起了良好的溝通關係。

怡彤老師說 ……………………………………………………

渴望得到機會，渴望自身的價值被認可，這是職場人之常情。想要什麼並全力以赴，則是成事的常規。當過去的期待、過去的習慣，並不支持今天的目標時，仍不肯改變，這就相當於停止自身的成長了。工作除了用來謀生之外，原本也是完善自己、創造價值的途徑，如果一個人不成長，何時才能真正成就自己呢？

　　當然，成事往往需要多個條件同時具備，就像學測錄取要看幾門學科的總分，而不只看單科分數一樣。對於想在職場上獲得認可的人來說，一方面做出成績，另一方面讓公司或上司了解你的業績、實力、潛力，兩者都不能少。能做事的人，前者已經具備；在擅長做事的基礎上，稍微增加一點主動性和靈活性，則會如虎添翼。

　　從被動到主動的過程中，我們可能需要放下一些錯誤的觀念，如主動表功不太好，主動提要求很沒面子，跟上司走得太近涉嫌拉關係、阿諛奉承等等。其實，只要業績、實力是真實的，本人出來展現真相並無不妥。但凡這個人做到的事情值得更高的回報，那盡可以君子坦蕩蕩，想要直說。

　　職場中，有人會在績效考評會談或任何適當的與上司交流的場合，誠懇說明自己做了哪些事情、學到什麼東西、下一步有何打算，直接表明想要承擔更多責任的意願。同時，也要了解上司的看法、回饋、忠告、指導建議，包括在暫無機會升遷時，明確請教上司若要得到某個機會，自己還需具備或創造什麼樣的條件這些純屬正常的職場溝通，跟拉關係奉承，還真沒關係。

　　當你為自己盡力，並增強主動性和靈活性之後，你會從只關注事，轉向既關注事也注意與同事的交流，善處身邊的人際關係。能兼顧人和事，往往比只關注事，成功的機率大得多。

　　增強與人的有效交流，其實也在從自我中心的習慣中走出來，去融入現實環境。「我已經這麼努力，為什麼還是沒等到機會」之類的抱怨，其實是「從我出發」的單一視角。站在這個視角，你看見的全都是「我付出的」和「我沒有得到的」，很容易讓人感到內心失衡。

　　然而當你主動去了解，在這個環境裡，為了得到我想要的，需要付出或做到哪些，這便走出了原先個人的習慣視角，開始去了解公司或他人的需求和要求。工作中會有無數的團隊合作，很少單兵作戰。兼顧彼此的需求是合作意識的重要部分。能有意識地去找出自身需求與機構需求的對接點，從這裡入手去努力，會更容易快速成長。

　　我們常說，各種環境下，開放而有靈活性的人會更具影響力。同樣，能了解和兼顧雙方甚至多方需求的人，一定比只看見「我要什麼」的人勝算更大。

第三章
當個職場戰士

不用當個「好好先生」

年輕人喜歡幻想沒什麼問題，但若是整天都沉浸於幻想之中，那就麻煩了。漫步雲端的感覺雖然很美妙，但夢醒時分，還是必須接受這個萬千現實的世界。

一個季度結束了，我負責和凱莉一起做宣傳工作的季度總結。凱莉卻在下班的第一時間跟我「告假」，說自己有個聚會必須參加。本來要兩個人做的事，最終只剩我一個人孤零零在辦公室裡奮戰。

「叮咚！」我的手機簡訊響了起來。我開啟手機，手機裡顯示著凱莉發來的簡訊：「我還是覺得留妳一個人在辦公室加班良心不安，這樣吧，妳做完文字部分就下班吧，數據部分我回家做，明天我們再合在一塊。」

「算妳有良心！」我飛快地回覆了凱莉，又埋頭在總結裡。

「這個部分似乎不是很完美，再改一下好了。」我寫完了自己負責的部分，又回頭看了兩三遍。凱莉經常笑我是上升處女座，說我有追求完美的強迫症。我對工作總是精益求精，受不了在自己力所能及的範圍內做得不完美。檢查好了之後，我發給凱莉，安心關掉電腦回家了。

第二天，我剛到辦公室，就看見王威。凱莉站在王威的旁

邊，低頭一聲不吭。王威說：「妳過來。」我能明顯聽得出王威的生氣。

「主管，怎麼了？」我送上一個溫馨的笑臉。

王威低著頭對我說：「妳看妳們寫的總結，寫什麼東西？數據全是亂的，一點兒邏輯都沒有，馬上就要交出去的東西，妳們準備要我拿什麼交出去？」

我轉頭看著凱莉，凱莉背著王威一直向我作揖，求我別告密。我只好悶悶不樂地憋住氣。

凱莉見我一句話不說，怕昨天工作鬆懈的情況露餡，趕緊給王威道歉：「老王，對不起對不起，我們現在就去重做，你跟上面解釋，我們晚點交出去可以嗎？」

老王聽見凱莉求饒，也不好再說什麼。老王一抬頭，卻看見我鐵青的臉。好不容易澆滅的火一下子又上來了，「妳覺得委屈了嗎？」

我依然沒有說話，凱莉趕緊把我拉回了座位。我心中只有一個念頭：我怎麼這麼倒楣！一邊想，一邊打開檔案與凱莉一起整理數據。

好不容易趕在中午休息前，把東西完成。王威看了一下，沒什麼大問題，這才把東西交了出去。

「妳等一下！」中午休息時間，同事們陸續都吃飯去了，王

威喊住了正準備去吃飯的我。「剛才妳對我有意見？」王威輕言細語地問。

說實話，在我心裡，王威更像一個長輩，多了一份親切，少了一分上司的嚴肅。王威自己也很願意當長輩一樣的上司，就像他要每位同事都叫他「老王」。

我知道，雖然王威好講話，但他畢竟是主管，所以我說了一句「沒有！」王威整理桌上的檔案說：「剛才凱莉已經在私訊裡跟我說了前因後果。」

我態度放軟了很多：「其實也不是什麼大事！」

王威說：「妳初入職場，有些事妳還不是很懂。身為妳的主管，我有必要告訴妳，職場上老好人並不會比別人獲得更多，很多時候反而會因此失去很多，妳要學會對別人說不。推薦妳一本書──心理學家兼管理顧問布瑞克（Harriet B. Braiker）的《不當好人沒關係》。」

「可憐之人有可恨之處」，沒辦法對別人說「不」的人被稱作「取悅者」。面對凱莉的要求，我不但沒有辦法說不，當大禍臨頭的時候，我卻仍然選擇幫凱莉隱瞞，還沒辦法說「不」。這是習慣性地取悅別人，這樣的取悅其實並不能給自己或是別人帶來真正的好處，反而常常造成自己莫大的困擾和壓力。

對我來說，我其實還是蠻幸運的，我有一位願意幫助我的

上司，還擁有一顆積極進取的心。我慶幸自己早早地看了這本書，如果我繼續在職場上扮演「老好人」，放縱這種心理繼續發展下去，到最後可能會導致情緒失控。

在王威的影響下，我對職場心理學有了興趣，也與心理學結下不解之緣。在每年最冷的時候，好多植物都出現凋零形態，只有松柏挺拔不屈。雪地中的松柏，有堅忍的力量，可以耐得困苦，受得折磨，守得住初衷。

怡彤老師說 ··

到現在為止，我依舊留著這本《不當好人沒關係》，曾經發生的這件事刺痛了我的內心。回想那時，我還不成熟，雖然經歷了很多，但還在職場中還表現出職場「菜鳥」的心態。我為自己感到臉紅，也為自己的行為感到內疚。

我向大家推薦這本由心理學家兼管理顧問布瑞克所著的《不當好人沒關係》，呼籲習慣於取悅別人的「好人」，採取行動，為自己而活！

我用心理學知識向大家闡述一下為什麼我們想取悅別人。人類在生理上基因的編排和社交模式最深層的指令都會催促我們要積極地尋求他人的讚美和肯定，尤其對獎勵（如關愛、社會地位、學校成績、薪水等）有控制力的重要人物，他們的讚美肯

定對我們來說更加重要。

　　取悅者會沉迷，是因為取悅行為讓他們贏得所渴望的肯定。如果某件事讓你感覺很好，那你可能會持續去做這件事，以便繼續維持這種美好的感覺。

　　一般而言，在我們生命早期角色最重要的是父母。因此，大部分的孩子會試圖取悅父母，以獲得肯定和安全感。這種看似和諧的親子關係，有時卻因為父母的偏執而變味，讓小孩變成依賴「肯定」而行動的「傀儡」。特別是當父母以愛作為獎勵的條件時，他們就等於將小孩推上尋求肯定之路，使其最後變成一個取悅者。

　　當小孩的外貌和舉止能讓父母滿意時，父母就會幫小孩貼上「乖寶寶」的標籤，也會讓他們感受到愛的價值。但是當小孩無法取悅他們時，愛就被收回了。這樣條件式的父母之愛，對小孩會有深遠的負面影響。

　　這種取悅心理，從兒童時期開始萌芽，隨著年齡增長，慢慢地演變成取悅症的三大要素（包括取悅心態、取悅習慣、取悅感覺），最後使我們不知不覺成為一個取悅他人，自己卻不快樂的取悅者。

　　喜歡取悅他人的人往往在認知上存在一些錯誤的認識，取悅者對人際關係有不正確的假設。

- 別人的需求、期望，比我自己的需求重要，無論如何，我都不應該讓別人感到失望或受挫

- 我應該永遠保持和善，不去傷害別人的感受

- 我應該永遠快樂歡愉，絕不向他人表現出負面情緒

- 我絕不將自身的問題或需要加諸在別人身上

- 別人應該永遠喜歡我、肯定我，因為我替他們做了許多事情。大部分的取悅者相信，如果沒有把別人視為優先，就會被人認為是個很自私的人，而自私的人將不值得被別人關愛，最後都會被遺棄，過著悲慘的生活。取悅者認為，必須要不斷付出、做很多事來取悅別人，這樣才能贏得愛和關懷。

取悅者在人際關係中，總是將別人的需求和自己的需求放在不對等的地位，使得自己的生活常常因為必須配合別人而失調。事實上，行事以自我為本位，跟所謂的自私，是不同的。

在職場中，如果某件事讓你感覺很好，那你就有可能持續去做這件事，以便繼續維持這種美好的感覺。取悅者總是誤認為，只要自己滿足別人的需求和渴望，那麼就能和諧人際之間的關係。即使別人的需求和渴望會影響自己需求的滿足程度，他們依然義無反顧。

我現在靜下心來，回頭去看我那時的表現，我自己之所以

做取悅者的目的，無非就是希望和同事之間關係融洽，希望同事都認為我是個和善的人。可是和善的人並不是一味地說「好」，如果別人叫自己去殺人放火，也說「好」嗎？我們都應該敲敲自己的腦袋，幡然悔悟！

人與人之間的關係，從來都不是靠一味地取悅對方而維繫的。誠然，在職場人際往來的前期，給同事留下熱情、耐心、和善等印象很重要。但是要避免自己跌入永無止境的「取悅症」中，因為你會發現，隨著時間的發展，你和同事的關係，並不會因為你說過「不」而變好或變壞。

我給那些喜歡取悅他人的朋友提幾條建議：

首先，加強專業學習。強化專業技能不但可以給自己帶來自信，而且能使自己的專業技能被他人所信服。

其次，管理自身感受。不要忽略自己的需求、欲望和意見，你的感受和其他任何一個人的感受同樣重要，甚至可以是更重要的。

最後，學會有技巧地說不。在職場上一定不能是咄咄逼人地和他人站在對立面，誠懇地說出自己的需求、意見，相信別人也能理解你。如果以上建議在你腦海中出現次數有限，請念以下的文字：

我自己的需要、欲望和意見，跟別人的同樣重要，甚至更

重要；照顧自己，讓我愛的人知道我也有需求，讓他們知道他們也應該承擔一點責任來幫我滿足這些需求；擺脫尋求肯定癖，做了多少不重要，重要的是你自己的感受；想說「不」，就別說「好」。

好人是可以說不的。如果說「不」讓你這麼充滿焦慮及罪惡，請這樣想：為了保留向最重要的人說「好」的權力，唯一的方式就是，對某些人、在某些時候堅決有效地說「不」。在適當的時候向適當的人說「不」，並不損及你在別人眼中的價值。相反地，這會增加你的價值。

「鰻魚」和「鯰魚」之間的愛

公司舉辦了一個讀書活動，以下是我總結彙報的原文。

在日本，有很多漁民每天都出海捕鰻魚，因為船艙小，等回到岸邊的時候，鰻魚也基本死的差不多了。當然，死魚也賣不了好價錢。但有一位老漁民，每次回來後他捕的鰻魚都還活蹦亂跳，因此也賣出了好價格，很快就成了當地的一個富翁。

對於老漁民的幸運，其他的漁民都不理解，船艙和捕魚的工具都一樣，怎麼他的鰻魚就不會死呢？這個漁民臨死前才把祕密透露給他的兒子，原來他在裝鰻魚的船艙裡放了一些鯰

魚。鰻魚和鯰魚天生好鬥，鰻魚為了對抗鯰魚而拚命反抗，牠們的生存本能被充分地激發出來，所以大多能活下來。而其他人的鰻魚呢？知道等待牠們的只有死路一條，所以，也就坐以待斃了。

臺下坐著的大部分都是職場老員工，這樣的勵志故事，對他們來說早就耳熟能詳了。看著他們有點不耐煩，我知道，這個故事有可能被公司負責內訓的培訓師講過無數次了，他們的慣性思維在發揮作用。

已經講出的話，不能再收回。我深吸了一口氣，環視了一下全場，微笑著向會場的同事示意。微笑是最好的武器，有三分之一的同事已開始用正眼注視講臺上的我。

我對這個故事加以重新解讀。

世人都喜歡真相，但也告訴大家一句古語：「子非魚，焉知魚之樂也？」鰻魚是魚，鯰魚是魚，在座的各位與我一樣都不是魚。這一點大家都同意的吧？有反對意見沒有？

這是真相，用老祖宗的語言來解釋，即可以理解為，我們既不是鰻魚也不是鯰魚，牠們是快樂還是憂傷，又豈是我們可以知道的？

人類一直以為牠們好鬥才生存下來，卻不知道，這對牠們來說是一次美麗的邂逅，是愛情讓牠們創造了生命的奇蹟。

這個故事說明什麼呢？它告訴我們，如何才能調動團隊成員的內在動力，如何才能避免「當一天和尚，撞一天鐘」，如何才能有效激發我們的鬥志，而避免成為「休克魚」。特別是，身為一個團隊管理者，如何才能有效地激發團隊的活力呢？

生命中最為重要的「愛」卻不被重視，這真是悲哀！

我們在辦事處，可以說每個人都是身兼數職，每天要處理各式各樣的事情。很多時候我們已經麻木了，即使身邊的人散發出愛的時候，我們的習慣都是忽視。我們又不是慈善家，我們的工作有各種績效來評定，也有各種指標要達成，如果大談特談「愛」這個字，簡直是耽誤功夫。

很想問大家：「在我們的心底，是不是也渴望愛呢？同事之間的友情其實可以緩解工作的壓力。」

人類好鬥，儘管人之初，性本善。

想想我們初來這個世界時，眼神中透露出來的是天真與幼稚。在經歷無數次事件後，我們學會了選擇，也學會了用自己的方式來理解這個世界。我們自己爭強鬥狠，覺得其他生物也一樣，以己之心看世界。

我們不覺得自己有錯。

一天接著一天，我們為了生活壓抑著自己。

孩子們快樂成長，我們因疲憊而不自覺忽視。妻子的溫柔

眼神，我們因疲憊而顧不上看一眼。為了生活，為了工作，為了賺錢，我們忽視的東西太多了。

想一想人生如果只是為了拚命工作，那人生的意義何在？

面對死亡，我們不約而同地想到了生命的美好，甚至即使再多看一眼這個世界都是幸福的事情。

我們現在按部就班，在閒暇時間是否會看一眼窗外的綠色？

因為大家覺得那是再普通不過的事情了，我們以後有大把的時間來看，現在是可以忽視的。我們更為重要的是好好工作，為孩子的學費，為父母的撫養費，為了妻子可以更加專心地照顧家庭。我們身上的包袱實在是太多了。欣賞世界的美麗對我們來說，已經變成是件奢侈的事情。

一次、兩次，妻子溫柔地看你，三次、四次，孩子用天真的眼神期待與你共舞，你都不理會。你的努力，你的幸福，離你越來越遠。

聽完我的重新解讀後，小小的會議室內，響起了一片掌聲。

隱約可以聽到下面有人嘀咕，原來是因為愛，那條魚才努力活著啊……

怡彤老師說 ···

　　職場人士最希望達到的目標，無非是職業生涯達到輝煌時刻。可是，輝煌的職業生涯背後又是為了什麼呢？我們應該怎樣理解工作不是職場的全部內容？進入職場，我們都想獲得更多，創造更豐富的物質生活，活得更好，使個人價值最大化得以展現。為了這些，人們總是在職場中忘了本質，一心只有工作，而忘了為什麼工作，忘了心中的「愛」。

　　職場中，隨處可見「拚命三郎」。週末加班，假期加班，整日遊走於各類客戶之間，巧舌如簧地談判於各色人群之間。直至深夜，身心疲累之際，才垂淚自問：時間去哪兒了？我這樣做到底為什麼？

　　我曾在接受某雜誌採訪的時候說過這樣一個真實的故事，最近遇到外縣市一位女同事來本地做「拓荒者」，平臺很大，機會夠多。這位女同事屬適孕年齡，但來之前還信誓旦旦說：這幾年不考慮生育問題，以事業為主！過來人勸說的話，我也就點到即止。可來了還不到 24 小時，卻報告上司說：意外懷孕了。男上司唯有恭請其回去安胎。過來人的我，送上祝福之餘，也在心底感嘆：沒什麼比生命更值得期待的。

　　女人成就事業確實需要付出更多機會成本。短視也罷，長憂也好，一切都以尊重生命為前提，千萬別用生子的時間去升

值。女性一生面對著比男性更多的挑戰。因此研究發現，在這兩百年的時間中，男人的大腦結構基本沒有變化，而女人的大腦結構發生了巨大的變化，以幫助女人贏得更多的幸福吧，女人因為在進化中變得更有智慧。

若問我，職場人士怎樣的生活狀態才是最理想的？容我轉個彎說話，我會說，驚豔示人，溫柔對己。意指：動靜結合，對外釋放正能量，張弛有度；對內則靜身心。若以身體、家庭、孩子去換取事業的輝煌成就，最後一定躲不過「落寞」二字。但是，職場是每個人另一個人生舞臺，我們也不要輕言放棄。在職場中修行，我們將會遇見一個未知的自己──那個更優秀的你。所以，且行且珍惜！

如果大家在空閒時分，可以玩一款叫「平衡球」的遊戲，要求玩家既要掌握平衡又懂利用平衡，在不斷的平衡中穿越障礙，到達終點。或許，一些感悟會在遊戲之中感受到。

克服挫敗感的 ABC 法

夜晚吹著風，工作逐漸變得得心應手，我在辦事處的人氣隨著工作能力的提升而提高。但是，就在今夜，我過得並不輕鬆，我的心很累，因為遇到了職業生涯的一道重要關卡。

「跟我下樓買咖啡好不好？」今天陽光明媚，凱莉拖著我去樓下的茶餐廳買下午茶。我今天手上的工作確實不多，也想趁休息時間出去呼吸點新鮮空氣，便跟凱莉兩人往電梯間走去。

「妳今天不開心？」凱莉看出我有些焦慮。

「是呢，老王那邊急著要市場企劃，我都改了好幾遍了還是不能過關，他是不是在懷疑我的工作能力呢？」我說。

「怎麼可能，妳還不知道吧？老王經常在我們面前稱讚妳。上次我們吃火鍋妳沒去，他一直誇妳是一個好下屬，還說妳做事既有效率也有品質。」

我盯著凱莉，說：「不會吧，妳就哄我開心吧！」

要是在以前，在得到主管誇獎之後我會很高興，可現在我卻高興不起來，因為老王變得越來越挑剔。我看著老王發過來的修改郵件，愁眉不展。我猜不透老王這個人，對於我平時取得的成績，老王很少給予正面肯定，不管我覺得成功還是不成功，他都沒有明確表示，這讓我很挫敗。

張愛玲說過，生活是一襲華美的袍子，只是上面爬滿了蝨子。我現在就有這樣的感覺，在外人面前，老王給我添了一件華貴美麗的「外衣」，可是私底下卻偷偷往裡放不計其數的「蝨子」，把我咬得遍體鱗傷。這種疼痛並不是斷手斷腳的巨痛，而是絞心的小刺痛，讓人心情跌入谷底，強大的挫敗感撲面而來。

　　我感覺職場上的挫敗感，就像一朵跟在自己頭頂上的烏雲一樣，無論走到哪裡，它都絕不會棄你而去。我什麼都不想，這兩天就只在思考這一件事，如何把頭頂上的烏雲趕跑。

　　人的一生，總是難免有沉浮。不會永遠如旭日東昇，也不會永遠痛苦潦倒。反覆地一浮一沉，對於一個人來說，正是磨練。因此，浮在上面的，不必驕傲；沉在底下的，更用不著悲觀。這就是我，雖然有挫敗感，但還是能夠以率直、謙虛的態度，樂觀進取、向前邁進。

怡彤老師說 ●●

　　多年後，我學習了心理學知識，我現在很有信心也有勇氣與大家分享我的挫敗感，分享如何消除這種不良的情緒。

　　職場上的挫敗感是由挫折引起的，指的是個體在滿足需要的活動中，遇到阻礙和干擾，個體動機不能實現、個人需要不能滿足的一種心理感受。簡單來說，挫敗感的本質其實是人的心理感受中期望和現實的落差。

　　對失敗難以釋懷是挫敗感的根源，很多人都會被「挫敗感」弄得很煩躁，不久便會沉浸一段時間。如果產生了這種情緒，可以靜下心來想一想，對自己的期望和目標是不是過高，是不是希望自己在工作中事事都能夠盡善盡美。要知道事情的發展

很難跟隨自己的意願而動，特別是對於初入職場的新人，專業能力還不是很強，這更增加了難度。

可以這樣開導自己：「失敗在所難免，我總不能每次遇到挫折都悶悶不樂好幾天吧。」如此便會很快發現，每次遇到挫敗之後都能收穫更多的東西，當再遇到同樣的問題，也不會在同一個地方跌倒了。工作無非就像一個大迷宮，在對這個大迷宮還沒有瞭如指掌的時候，可以多給自己機會不斷嘗試，當走到一條路的盡頭發現它是死胡同，立刻從頭再來。走不通就預示著自己該轉頭，這沒什麼大不了。

多年以後的我，站在講臺上對臺下接受培訓的人們說：戰勝「挫敗感」的關鍵，其實就是情緒的控制。心理學上有個著名的 ABC 原理，是由美國心理學家艾利斯（Albert Ellis）提出的。A 代表誘發事件（Activating Events）；B 代表個體對這一事件的認識與評價，即觀念（Belief）；C 代表繼這一事件後，個體的情緒反應和行為結果（Consequence）。正是由於我們常有的一些不合理的信念才使我們產生情緒困擾。如果這些不合理的信念長久存在，還可能會引起情緒障礙。

通常人們會認為誘發事件 A 直接導致了人的情緒和行為結果 C，發生了什麼事就引起了什麼情緒體驗。然而，你有沒有發現同樣一件事，對不同的人，會引起不同的情緒體驗。同樣

是報考英語檢定，結果兩個人都沒過。一個人無所謂，而另一個人卻傷心欲絕。

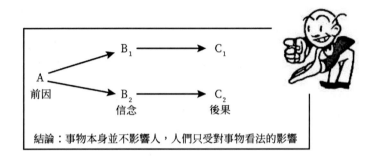

結論：事物本身並不影響人，人們只受對事物看法的影響

有前因必有後果，但是有同樣的前因 A，產生了不一樣的後果 C_1 和 C_2。這是因為從前因到結果之間，一定會透過一座橋樑 B（Bridge），這座橋樑就是信念和我們對情境的評價與解釋。同一情境之下（A），不同的人的理念以及評價與解釋不同（B_1 和 B_2），所以會得到不同結果（C_1 和 C_2）。因此，事情發生的一切根源緣於我們的信念、評價與解釋。常見的不合理信念有以下若干條，請大家對照看一下是否自己存在不合理信念：

・自己應比別人強，自我價值過高

・人應該得到生活中所有對自己重要的人的喜愛和讚許

・有價值的人應在各方面都比別人強

・任何事物都應按自己的意願發展，否則會很糟糕

・一個人應該擔心隨時可能發生災禍

- 情緒由外界控制，自己無能為力
- 已經定下的事是無法改變的
- 一個人碰到的各種問題，應該都有一個正確、完滿的答案，如果無法找到它，便是不能容忍的事
- 對不好的人應該給予嚴厲的懲罰和制裁
- 逃避挑戰與責任可能要比正視它們容易得多
- 要有一個比自己強的人做後盾才行

在通常的觀念中，人們認為情緒和行為反應是誘發性事件所引起的，比如我在市場企劃裡引入的數學模型有錯誤，就會讓自己產生挫敗感。但是心理學 ABC 理論則認為：數學模型錯誤只是引發挫敗感的間接原因，在潛意識裡存在的一些被我忽略的觀念才是造成挫敗感的直接原因。

我發現，由於我總是和老王站在對立面，所以我將老王正確的解讀就變成了指責。這就是一種潛意識，以誤解的方式讓自己避免有挫敗感，當然要改變這種觀念。我嘗試著去理解老王，把老王看成跟自己站在同一個戰壕的戰友，他只是希望我把工作做好。這樣再一想，老王總是當著我的面指出我的不足，也不能算是批評。

當自己獲得了一點點進步的時候，老王沒有表揚我，我就先表揚自己。我發現取悅自己遠比獲得別人的肯定更容易辦到。

初入職場的年輕人，心裡燃燒著熊熊烈火，總覺得自己有無盡的力量、智慧要展示。展示得好，總希望得到別人的肯定；失敗的時候，又希望沒有人會批評他們。一旦成功的時候沒有鮮花掌聲，失敗的時候略有批評指正，都會讓他們心生挫敗感覺，得自己一無是處，感覺找不到自己的職場價值，因而深陷挫敗泥潭不能自拔。

而大多數孩子都渴望得到父母表揚，但是那是孩子心態。職場是弱肉強食的競技場，挫敗感本身就是一種心理不成熟的表現。有些人的這種不成熟會隨著時間的流逝而消失，而有些心思細膩的人，時間並不能消解他們的幼稚。

那我們如何擺脫挫敗感呢？我給出兩條建議：

建議一，學會換位思考，
和主管站在同一高度，換一種觀念想問題

當主管說：「看吧，我能想到，你為什麼不能想到？」不要認為主管在責怪你，其實他和你一樣，也希望得到肯定。如果你順勢接納他的指正，還讚揚他說：「雖然之前我做了很多準備，可是還是忽略了這一點，還好您能站在全面性的高度幫我指出這個不足，我馬上去改正。」很多時候，接納主管的批評就是這麼簡單。

▋建議二，學會自我表揚

當主管對你的進步沒有正面表示讚揚的時候，你可以像我那樣，自己讚揚自己。取得進步的時候，本來就應該受到讚揚和肯定。當別人不能及時對你的進步給予回饋的時候，自己讚揚自己，有助於自己在職場中建立自信心。

第四章
找到工作的快樂，生活才會幸福

星期一症候群

轉眼間到了年底，平時清閒的辦事處也難得忙起來，大家都在披星戴月地加班。一週下來，大家頂著黝黑的熊貓眼，臉部肌肉鬆鬆垮垮做不出任何表情，我對著桌上的小鏡子用手指戳了戳下垂的眼瞼和眉毛，深深地喘了口氣，又繼續投入到工作中。

瑣碎和枯燥的工作讓人疲憊，工作的變故帶來的鬱悶讓我覺得香港的冬天總是暗沉沉的。畢竟週五是一週最後的工作日，下班時，辦公室裡還是激起一陣喜悅的騷動，大家個個喜上眉梢，雙眼炯炯有神，準備享受週末。

週六，我關掉鬧鐘，一覺睡到自然醒。拉開窗簾，樓下人來人往，車水馬龍，眼睛微微張開一道小縫，強烈的光亮立刻迫使我把眼睛緊緊閉了起來。深深吸了一口氣之後，我才又緩緩張開眼睛，五官也漸漸地舒展開來，這才覺得真正從昏睡中回到了現實。

雖然過得沒滋沒味，可畢竟還有美好的週末。簡單吃過早餐之後，我開始了習慣性週末大掃除，房間裡流淌著蕭邦鋼琴曲，掃帚掃走的彷彿不是塵埃，而是我心底的陰霾。抹布拂過的地方清新乾淨起來，就像心裡的傷痛被人呵護過一般。我打著赤腳在地板上踱來踱去，抹抹這裡，掃掃那裡，時光便在這

一舉一動中安靜地流逝。

週末總是愉快而短暫的，每到星期天下午，我的心就開始惶惶不安：唉，明天又要早起，又要擠地鐵，又要面對那些煩人的瑣事……越這樣想，越覺得生活繁瑣。晚上躺在床上睡覺都睡不香了，我一會兒咬咬嘴唇，一會摸摸耳朵，一會兒眉毛上揚，很快五官擠在了一起，我只好翻過身來把自己的臉埋在枕頭裡，企圖用這種「笨」辦法讓五官歸位。

「滴滴答答……」我悶聲悶氣地關掉鬧鐘，星期一早上跑不掉的賴床五部曲即將上演……

今天的空氣總是漂浮著「睏」、「疲倦」等塵埃，同事們「眉頭緊皺、嘴角下耷、雙眼無神」地迎來第一個晨會。我覺得自己的上眼皮和下眼皮都快黏在一起了，我此刻只希望身邊有張床。

自己是怎麼了？我下巴往裡縮了縮，嘴角下垂自責起來。我環顧了一下四周，其他同事也沒有好到哪裡去。同事們都是一副懶懶散散的樣子，有人歪在桌位上打盹，有人嘩啦啦地把檔案亂翻，有些人目光呆呆地盯著電腦。這就是別人常說的週一症候群吧，我心裡想。

老王隨手拿了一份文件擋在自己的鼻子下面，企圖遮住自己的嘴。可我還是看到了他頭微微後仰，嘴張得大大的，打了個哈欠。老王對我說：「妳看妳寫的這是什麼？妳到底搞沒搞懂

我們的主題是什麼？」老王邊說邊揉了揉太陽穴，我看得出來，老王自己心裡都是亂糟糟一團嘛！

我煩躁地打開文件，重新修改宣傳案。我耷拉著眼皮，斜盯著電腦螢幕，鼻孔隨著呼吸一張一合，上下嘴唇死死擠在一起，眉頭像是被膠水黏住一樣扯都扯不開。

「您有新的郵件。」上午十一點，我電腦的右下角彈出一個對話方塊。我用盡了身上所有的力氣點開郵件，開頭是一長串的抄送名單，除了香港辦事處的所有同事，還有部分相關主管的名字。我對這些名字並不熟悉。什麼情況？牽動這麼多人？我帶著疑惑往下看。

快速瀏覽之後，我抬起頭，辦公室裡開始出現騷亂的情緒，多臺電腦主機嗡嗡轉動的聲音此時特別清晰。大家在同一時間扭頭轉向王威，王威被驚嚇而睜大的眼睛還沒有回到原位，他摸了摸鬍渣，眼睛快速地眨動。我猜得出他也心亂如麻，看來王威也是剛剛知道這些訊息。

郵件的大概意思是：總公司收到香港辦事處今年的匯總報表後，對香港地區市場重新進行了整體規劃，總公司準備取消香港辦事處，在香港成立新的分公司。可是通知郵件下面並沒有寫明香港辦事處原工作人員的去向，只留下一句：「原港辦事處所有人員的工作安排等待通知。」

「老王，等待二字是什麼意思？」終於有人沉不住氣率先打破了寧靜。「我怎麼知道！」王威閉著眼睛深深吸口氣，又是習慣性的揉揉太陽穴，額頭中間的皺紋更深了。我看了看旁邊的人，大家或是躲閃我的目光，或是假裝忙碌，沒有人給予我實質性的回應。

還有兩個小時……我眉頭緊鎖，打了個哈欠。還有一個小時……我已經煩躁地開始收拾桌面……我最近發現，自己每天無限期盼著下班，無限期盼著週末。時間每過一秒，我都想歡呼一下，因為離下班和週末又近了一秒。可是時間似乎並不領會我的心情，走得如此之慢。

一秒又一秒溜走的除了時間，還有我的快樂。我不自覺地把手握成拳頭抵住鼻子，把自己的嘴巴擋了起來。此刻的我非常無助。開始的時候我只是覺得生活突然因為工作的不順變得有些糟糕，漸漸地竟然覺得人生方向都模糊了。我的腦海裡經常冒出一個想法：不如換份工作？這樣的負面情緒也使得我在工作中顯得那麼吃力，一些最基本的工作，我都能出錯，都是負能量在作怪。

「妳最近怎麼了？心不在焉的，還一直看錶，是有什麼心事嗎？」老王看著坐在對面的我，眉頭緊蹙的問。

我說：「老王，你有沒有覺得最近地球轉得特別慢？」

王威哈哈大笑，敲了一下我的腦袋，說：「傻丫頭，想什麼呢？」王威翻了翻自己盤子裡的炒河粉又說：「我知道，妳最近在為工作變動的事煩躁，可是有個道理妳要明白，妳並不能左右地球轉動的快慢，我們也不能左右總公司的決定。」老王的話點醒了我。

　　我反覆咀嚼這幾句話。下班的時候，我站在地鐵，來來往往的人在我面前變得面無表情、目光呆滯，眼睛裡找不到一絲的希望，每個人都把頭埋得低低的，彷彿他們的表情不可示人一般。這些人從我身邊一閃而過，消失在遠處。我從他們的身上感受到幾乎相同的氣場——不快樂。我這才意識到或許自己的不快樂並不是件偶然的事，我和魚貫而出的人們一樣，這份不快樂更多來自於工作。每週七天，我有五天在盼望和期待週末，因為工作讓我很沮喪，每天 24 小時，我有 8 個小時在盼望和期待下班，也是因為工作讓我很煩惱。這樣算起來，我的人生豈不是有 1/3 的時間是不快樂的。

　　我想起前幾天看的一部人物傳記，寫的是美國石油大王洛克斐勒（John Davison Rockefeller），書裡洛克斐勒對自己的兒子說：「如果你視工作為一種樂趣，人生就是天堂；如果你視工作為一種義務，人生就是地獄。」世上本來就沒有救世主，全靠自己救自己。我從混沌世界中清醒過來，我要做自己的救世主。

　　年底最後的日子我雖然過得很糾結，但有試著讓自己變得

快樂起來。每天到辦公室的第一件事總是向同事們問好：「你好」、「大家早安」，工作的快樂不但讓我覺得生活有了希望和朝氣，也對未來有了更加明確的方向。

偶爾從小鏡子裡窺到自己的表情，也不再是緊鎖的眉頭。每次想到書中的話，我都嘴角微微上揚，臉上的酒窩若隱若現，好像小時候攻克了難題之後的小得意一樣。即使累了，我也不過是閉著眼睛深呼吸一下，再次睜開眼睛時，又神采奕奕。我開始投入到自己的工作中，充分的投入讓我在工作上也更輕鬆，辦公室裡的負面情緒也很少再影響到我。

怡彤老師說

週一症候群是不是「理所當然」的事情？我是這樣認為的，形成週一症候群的原因各式各樣，有的是因為心理問題所致，有的則是因為掉入「休息日不休息」的陷阱。我雖然沒有在週末的時候外出恣意狂歡，但由於受到公司變動的不確定性因素的影響出現了心理問題，使我對工作產生厭惡、恐懼、疲倦感，從而陷入週一症候群。

週一症候群是一個嚴重的社會問題，放鬆的週末使好不容易建立起來的「動力定型」遭到破壞，工作中出現疲倦、頭暈、胸悶、腹脹、食慾不振、周身痠痛等問題。這種狀況會透過微

表情表現出來，經常顯示為眉頭緊蹙、眼角下耷等表象。情緒反應會影響行動反應，而行動反應又會導致行動結果，週一和週五的不同表現和變化會導致不一樣的結果，而不一樣的結果導致辦公室氣氛陷入了惡性循環。

週一症候群已不是一個新鮮話題。曾經看過一幅漫畫，內容是一個準備上班的青年，走進浴室，裡面擺了一排排從週一到週五的不同表情的面具。週一的面具表情非常痛苦：眉頭緊皺、嘴角下耷、雙眼無神。到了週五，面具的表情就已經變成：喜上眉梢、嘴角上揚、雙目炯炯。雖是漫畫，卻是很多人在職場中的情緒變化的形象比喻。

我的週末過得很輕鬆，並沒有通宵達旦、娛樂狂歡，但週一上班時間依然讓我感到困擾，還是陷入了「週一症候群」的陷阱。後來我注意到了自己的問題，並透過自己的調整使自己從陷阱中走出了。面對「週一症候群」，我們還是有很多的解決辦法。

第一，換個角度思考，把未知的、不確定環境當作一種機遇。感受「時勢造英雄」的意境，淡定面對一切不確定因素和突發事件。

第二，週日下午盡量安排一些不需要消耗體力的活動，並且遠離高脂食物。這樣可以讓你週日晚上的睡眠有所保證，睡

前還可以播放一些舒緩精神的音樂。

第三，週一的早上比平時早一點到公司，把未來一週的工作安排好，並把一些簡單、愉快的工作安排在週一上午，別給週一的自己那麼多壓力。

第四，在週一的中午或者晚餐安排自己期待已久的餐廳或者是約會，並在電腦面前寫下：完成工作之後就能參加約會，完成工作之後就能大吃一餐等等，激勵自己。

只有一線之隔

走進候機大廳，我拿著登機證，推著自己簡單的行李車，神情有些低落。不久前，同事們陸續收到總公司通知，有些人留下來籌劃分公司，有些人被調回總公司，還有些人被裁掉了。前天我才收到郵件，通知我先回總公司參加培訓，但是具體調配到哪裡，郵件裡隻字未提。

我很糾結，不是因為要回總公司還是留在分公司，而是對不可預知未來的不安。我心裡一直在打鼓：為什麼單單只有自己被召回總公司培訓？是自己之前的工作不到位嗎？還是公司變動風波的影響遠遠比自己預期的要大得多？或者其實這是一次機遇也未可知？

商務艙裡，坐在我旁邊的是剛剛上任的香港分公司副總——賈斯汀。賈斯汀是典型的職場「空降兵」，考慮到他第一次到總公司，公司安排我陪同他一起。

空姐端上兩杯迎賓飲料，是微溫的卡布奇諾。我攪拌著杯子裡的咖啡，想起了臨行前老王說的話：「妳和賈斯汀坐在一起，哪些話該說，哪些話不該說，妳自己可要多想一想啊。但也不要因為怕說錯話就一句話不說，妳的一舉一動都有可能讓妳的工作內容瞬間發生天壤之別的變化哦！」

我當然知道這個道理，可是現在的我還彷彿置身在海洋中，一時半會兒還找不到頭緒。我感覺安全帶把自己綁得好緊，但卻又有些坐不住，勺子碰杯發出的細微響聲都能讓我汗毛豎起來，時刻備戰。我跟很多職場新人一樣，在小主管面前侃侃而談，能力得到很好地展示和釋放，但是面對大 Boss 的時候，就手足無措，緊張無助。這些就是不自信的表現。

「施小姐有心事？」賈斯汀把我的不自在和彆扭全看在眼裡，他表情中帶著熱情。

「沒有沒有……」我慌忙解釋。

賈斯汀嘴角揚了揚，問道：「那是因為我太嚴肅嗎？」說完，賈斯汀假裝嚴肅地繫了繫領帶。此時飛機已經穩穩地飛在浩瀚的天空了。

　　我沒忍住，被賈斯汀的動作逗得笑了出來。「當然不是，我……大約是非常迷茫吧，對未來有些恐懼。」

　　賈斯汀聽完之後瞭然地點點頭：「哦，原來是這樣。施小姐哪裡迷茫，說出來我幫妳分析分析？」

　　我抿了一口咖啡，緊張了起來。到底能不能說啊？哪些該說啊？怎麼說才合適啊？我都能想像出自己小腦袋瓜裡的每個腦細胞上竄下跳出謀劃策的場景。談話短暫停頓了一兩秒，我就已經想好了要怎麼應答：「其實也沒什麼，我本來是外派到香港工作的，可現在這次的公司人員變動中，給我下達的卻只是回總公司參與培訓的通知。我進入公司的時間並不長，猜不到公司的意圖，所以最近很不安。」

　　「哦，原來是這樣。」賈斯汀從空姐手中接過一杯咖啡，杯子裡裊裊地升起一陣霧氣。「年輕人在職場難免遇到很多轉捩點，在這些轉捩點上有徬徨和不安也是正常的。」

　　「有的時候我在想，終日面對電腦是一件非常枯燥的事情，如果能換一種工作狀態那就好了。」我看著窗外翻騰起伏的雲朵說道。

　　賈斯汀說：「嗯，可以想像，我做人力資源工作以前，是做技術工作，體會過那種終日與機器打交道的日子。」

　　我露出羨慕的眼光，自己何時能從技術職位轉到管理職位

呢？我雖然經歷了這麼久的職場，可畢竟還算是「初出茅廬」，小女人的情緒總是會掛在臉上。這些表情落在賈斯汀這樣的職場高手眼裡，無疑會進行深刻的表情剖析。

「施小姐也喜歡人力資源的工作？」賈斯汀說。

我說：「與其說喜歡人力資源的工作，不如說我更喜歡跟人打交道。」

賈斯汀點點頭說：「那施小姐認為人力資源的工作就是和人打交道？」

我聽到這裡頓了一下，話鋒立刻轉了個彎：「當然不是完全對等。但是人力資源的工作內容裡面，和人打交道是非常重要的一部分。」

賈斯汀露出讚許的眼光，又問：「那妳覺得人力資源管理中什麼最重要呢？」

我很早以前看過一本關於人力資源管理的書，在我的認知裡面，我認為人是最重要的，所以想也沒想，脫口而出：「人！」我完全不知道，正是我接下來的這句話讓我「鹹魚大翻身」。「我覺得無論何種管理，最終都是人最重要。管理者和被管理者之間的紐帶不應該是管理，而應該是人性化，人力資源更是如此。人力資源管理的目的應該是使管理者或者機構以及被管理者之間都能達到理想且合理化的雙贏，這才是最完美的境界。」

我說完又覺得哪裡不妥，趕緊接著說，「呵呵，這不過是我一個行外人的個人看法，說出來解解悶。」

職場中，很多人都困惑於職場上是否真誠，他們對真誠有一種發自內心的恐懼。於是便有一些人選擇對上司刻意逢迎而隱瞞問題，對下狐假虎威，對同事則虛與委蛇。此刻的我帶著一定的勇敢和稚嫩，在未來老闆面前表現出了足夠的真誠。我的真誠將帶來怎麼樣的結果呢？

賈斯汀仔細地打量著身邊這個「小丫頭」：職業的妝扮似乎想掩飾還不太成熟的內心，率真、真誠，難得的是對事物有獨特的視角和看法。磨練幾年，說不定會大有作為。一個主意在賈斯汀的心裡升起。

賈斯汀問我：「施小姐對自己的未來做過什麼設想嗎？妳對現在的工作滿意嗎？」

我有些不知道怎麼回答了，只好含糊地說道：「我對現在的工作挺滿意，我也對未來有過設想和假設。可是慢慢地，我發現現實和我的預期偏差越來越大，當遇到越不過去的困難時，就只好把自己的目標和理想做出修正，以便自己能夠達到。這個過程說起來很輕鬆，可是回想卻很難過，特別是遇到自己越不過的困難時，那種挫敗感，會讓人迷失。」

賈斯汀心領神會地笑了，每個剛剛投入社會的人都會這樣，

懷抱著自己的滿腔熱情，以及遙不可及的設想，「噗通」一聲跳進社會，努力嘗試去達到自己的目標，結果總是狠狠地跌下來，這個過程也總是辛酸和殘忍的。

賈斯汀說：「我完全理解施小姐妳現在這種迷茫的心情，我年輕的時候也經歷過很多低落，直至現在，我也不是一帆風順。可是我是一個心理彈性比較好的人，我容易把自己從負面事件中拉出來，遇到困難時我更多是選擇想辦法度過困境，而不是沉溺其中。我和別人不同的是，我遇到越不過去的困難也不會繞道而行，我會盡自己所能去解決困難。即使最後是以失敗告終，也能保證我離解決困難的核心更近一步。」

我眼神中充滿疑惑，問道：「心理彈性？什麼是心理彈性？」我第一次聽到這個詞。

賈斯汀說：「就好像彈簧的彈性一樣，心理也彷彿是一個彈簧。彈簧因為材質或者形狀的不同使得其彈性有很大的差別。人也因為個人情況、心理素養等不同，有不同的心理彈性。心理彈性強的人，對外部環境刺激的適應性更強，自我調控能力也更好。從心理學上講，心理彈性會隨著個人的成長而不斷加強。這也就是為什麼很多年輕人比起年齡大的人，在適應社會的時候顯得更加的浮躁和焦慮。」

我一下子明白了，但仍有不懂的地方，「可是我還算一個職場新人，我沒有高超的專業技能，沒有豐富的職業經驗，心理

彈性又不好，如果遇到問題，我靠什麼解決問題呢？」

賈斯汀彷彿能預知到我要問的問題，已經做好了回答的準備：「人們總是喜歡等到結果之後，再去想應對結果的辦法。當結果非理想的狀態，這個結果就變成了一個『問題』。可是為什麼不在問題發生之前就解決掉呢？職場新人既然沒有職業經驗，心理彈性也不好，那就盡量多讓結果不要變成問題。當然，職場新人相比有經驗的人會更容易出錯。而且我們常說的經驗是從錯誤中領悟出來的，但是這並不代表職場新人就可以犯錯！乍聽起來覺得很矛盾，可是妳仔細想想，就會明白我的意思。」

賈斯汀接著說：「年輕人很容易迷茫，對於自己未來的職場形態很難定義，這個時候我建議職場新人不妨多了解一些常識，在常識中找到最適合自己的。但是不管是希望在現有職位上繼續打拚，累積經驗；或者希望轉變職位，做新的嘗試；更有甚者，希望轉變職業，另闢蹊徑。無論做哪種選擇，職場新人在實行職業轉型前，都應提高自己的心理彈性，在此基礎上才能主導積極變動，實現華麗轉身。」

我仔細地回味了一下，對賈斯汀說：「嗯，我大概明白這個意思了，就好像我們平常總認為沒有機會，可是如果機會來了，很多人往往會錯失機會。而只有那些準備好的人才不會失去機會。所以做更多的嘗試並非壞事，要注意的是不能沒有準備。」我靈活的思維給賈斯汀留下了很好的印象。

我陷入了沉思，我的心已經不如之前那麼不安和沉悶。我在想：我起碼還年輕，或許我可以在各種地方多做嘗試。如果我接下來的工作不能更好地挖掘我的優勢，也不利於成長，那麼我或許可以嘗試換一份工作。我首先要確定的就是我工作的目標 —— 獲得成長。我要把握住我心中的夢想，不可以輕易把它忽視掉或是丟失掉。主動出擊才是王道，如果我一直只是在自己的世界裡自怨自艾，只會更加迷茫，像賈斯汀說的那樣，我應該想辦法在問題發生之前解決問題，而不是等待問題的發生，然後沉溺於困難之中。

　　飛機輪子接觸地面的那一刻，我的心也穩穩地降落。我已經不像登機前那麼不安和無奈了，反而是有一種迎接挑戰的躍躍欲試。

　　「施小姐聰明伶俐，生活也會因為妳的樂觀而特別恩賜予妳。謝謝妳陪我度過一個愉快的旅程，希望妳在培訓期間過得愉快。如果遇到什麼難題，可以來找我，我願意給予新人微薄的幫助。」

　　賈斯汀的話語意味深長，我並不知道賈斯汀已經決定要調我到人力資源部，我只是感到樂觀的力量在身體裡蔓延開來。我給了賈斯汀一個大大的笑臉之後，頭也不回地消失在機場的人海中。

　　等待我的將是另外一片絢麗的天空……

怡彤老師說 ••

在我做調整的這個故事中，我反覆提到了一個詞 —— 心理彈性。什麼是心理彈性呢？即生活在社會的人，心理活動會有像彈簧一樣的變化，這就是心理彈性。職場中的年輕人，因社會經驗不足，在陷入困境之後，對周圍環境變化引起的心理反應調整不及時，就容易跌入自卑、失敗的陰霾中。

心理彈性在一定程度上受遺傳因素影響，同時也受人在社會生活中各種經歷的影響。所以，我們也可以將心理彈性看成是人對於不斷變化的環境的一種反應，這種反應不是一成不變的，會隨著環境變化而變化。正是在這種自我調整當中，人得以適應環境。

我很喜歡下面這段話，與大家分享 ——

「你只聞到我的香水，卻沒看到我的汗水；你有你的規則，我有我的選擇；你否定我的現在，我決定我的未來；你嘲笑我一無所有，不配去愛，我可憐你總是等待；你可以輕視我們的年輕，我們會證明這是誰的時代；夢想注定是孤獨的旅行，路上少不了質疑和嘲笑；但那又怎樣，就算遍體鱗傷，也要活得漂亮！我是 80 後，我為自己代言。」

對職場新人來說，以上的廣告詞應該不會陌生。除了可以從廣告當中感受到夢想帶來的正能量之外，還可以收穫關於職

場轉型的一些經驗。

　　職場轉型的多發期出現在年末至春節後。職場新人在這個時候一般有了各自的打算，或者希望在現有職位上繼續打拚，累積經驗；或者希望轉變職位，做新的嘗試；更有甚者，還有人希望轉變職業，另闢蹊徑。無論做出哪種選擇，職場新人在實行職業轉型前都應該提高自己的心理彈性，在此基礎上才能主導變動，實現華麗轉身。

　　心理彈性好的人可以比較快從負面事件中恢復過來；而心理彈性不夠好的人，可能會很長時間把自己沉溺在負面的情緒，沒有辦法度過困境。既然心理彈性對職場新人來說如此重要，那麼有什麼方法可以提高心理彈性呢？我為大家提供幾個方法：

▋方法一，多做新嘗試

　　在日常生活中可以多嘗試新事物，如到不太熱門的地方旅遊。陌生的環境雖存在危險性但同時也是危險性較低的環境。在這種環境下，人可以學習如何成功地應對一些困難。這些技巧在遭遇嚴重困境時會變得十分重要。

▋方法二，經歷小成功

　　在日常生活中經歷一些小成功，將有助於職場新人提高自尊以及自信，這兩者對於提高心理彈性均會造成積極作用。

▌方法三，理性樂觀

對未來抱有希望，保持基於現實而非盲目的樂觀，有助於職場新人在面對困境的時候不沉溺其中，而是尋找度過困境的方法。無形之中，心理彈性也能得到增強。

▌方法四，主動尋求幫助

「宅」容易使你的思想鑽進死胡同，遭遇困境時懂得主動開口，尋求所有可能的幫助，才稱得上「大智慧」。

職場新人因缺乏足夠的職業經驗及專業能力，因此可能面對眾多質疑。如果在質疑聲中失去信心，止步不前，將會錯失迎接挑戰和自我發展的機會。相反，如果擁有高心理彈性，在面對質疑這類負面事件時進行積極的自我調適，從中辨識出自己的優缺點，發掘出自己的優勢，並借職業轉型的機會將自己的優勢與職業需求進行契合，便能夠轉危為機，找到一條職場大路。

開心工作

「妳放下妳手頭上的工作，跟我去參加一個會議，妳負責做會議記錄。」經理彭佳敲了敲我的桌子，一個轉身閃出了行政部。我抬起頭，瞄了一眼窗外灰濛濛的天，在一堆文件中抽出會議記錄本，快步跟上彭佳，向會議室走去。

彭佳是我現在的上司。我回總公司參加培訓後，讓我沒想到的是接連兩個星期的培訓竟然都是關於公司內部管理和人力資源管理的事宜。後來，我便接到回香港分公司的通知，新職位從原來的宣傳策劃轉為了行政助理。就在我正在詫異這個結果的時候，賈斯汀的電話打來了。

　　「施小姐，妳好！我是香港分公司分管市場和人力資源的副總賈斯汀。」賈斯汀在電話那頭說。

　　「賈斯汀，你好！」我大概已經猜到，自己調到行政部應該是出於賈斯汀的授意。

　　賈斯汀說：「妳應該已經收到通知了吧？恭喜妳有機會在職場上做新的嘗試，等一下我助理會給妳送去一份禮物，希望妳不要辜負我以及公司對妳的期望。祝願妳在以後的工作中順利。」賈斯汀簡單地說了幾句之後，我們互道再見便掛了電話。

　　不久，賈斯汀的助理曉菲給我送來一個精緻禮盒，打開禮盒，裡面裝著一本格里格（Richard J. Gerrig）的《心理學與生活》（*Psychology and Life*），封皮內還留有一張紙條：「妳要了解人，就必須學習人的科學 —— 心理學。」

　　這一切都來得太突然，我心裡歡呼著，上天太眷顧自己了，不僅把自己從地獄裡抽離出來，還給我帶來如此重要的禮物。我在心中暗暗發誓，一定要好好努力，做出一番成就，殊

不知自己這才是慢慢走進暴風雨的中心。

漫長的會議結束之後，彭佳讓我把會議記錄整理出來，發到她信箱裡，同時抄送給部門的其他同事。我寫好了之後，對於一些細節以及格式上的問題不是很清楚，就想問問坐在對面的同事艾莉。艾莉卻按住了我的手，微蹙眉頭說：「妳大學畢業快兩年了吧。妳也是大人了，所以妳應該有自己的擔當，而不是什麼都希望別人幫妳做好。」艾莉是香港中文大學畢業的，精通三國語言，外表姣好，有著香港女性最典型的特徵：好強、自負。我雖然和艾莉面對面坐了快一個月了，可是感覺從她身上散發出的陌生感比樓下保全還重十萬倍。

「不是，我的意思是……」我還沒有說完，艾莉就打斷了我。

「不管妳什麼意思，妳也看見了，彭佳給我那麼多報告，現在這些報告都等著我去寫，我當然可以幫妳改會議記錄的格式，但是妳能幫我寫報告嗎？ Sorry，恐怕妳還做不來這些。」說完艾莉便滑回了自己的辦公桌前。

我呆坐在座位上，這是我第一次遇到說話這樣直接的同事，毫不留情面，對待同事竟然能做到像對待敵人一樣。我在心中產生了一種對工作前所未有的厭倦，為什麼艾莉會對自己那麼厭煩？人和人之間為什麼這麼難相處？難道是自己的原因嗎？我的工作是不是太沒有意義了？腦子裡亂哄哄的，像塞滿

了車的十字路口，我感覺自己的大腦都癱瘓了。

　　也許我的大腦真的「當機」了，我抱著洩憤的態度做了一件錯事。一分鐘之後，我把會議記錄發給了彭佳，郵件發出去的下一秒，我桌上的電話就響起來了。

　　「妳到我辦公室一下，順便叫上艾莉。」彭佳情緒不穩定。

　　「艾莉，彭佳叫妳和我到她辦公室一趟。」我以為會從艾莉眼中看到害怕或是別的什麼情緒，可是艾莉眼裡除了冷漠沒有其他任何東西。我跟著艾莉來到彭佳的辦公室。

　　「妳的會議記錄內容沒什麼大問題，可是妳這個郵件的格式怎麼回事？我不是讓妳有不懂的就問艾莉嗎？」彭佳把自己的電腦轉過來對著我和艾莉。

　　「我……」我還沒有開口，就被艾莉打斷了。

　　「彭佳，我簡單地跟她說內網上有固定格式可以去下載。妳知道的，我還有好幾個報告要寫，所以就沒有認真幫她改，Sorry。」艾莉說這些話的時候，臉上帶著和善的笑，一點也沒有騙人的慚愧。我大為驚訝，這女人到底是怎樣一個人啊！

　　「好吧，那妳先出去。」彭佳對艾莉說。

　　「經理，我……」我再一次想開口，彭佳抬手示意住口。

　　「妳也回去吧，我幫妳改好，然後發到妳的信箱裡，妳再抄送給同事們。但是我希望妳能明白，妳這樣在不確定自己做得

是否正確的情況下就發給我，是在浪費妳我還有所有同事的時間。如果妳努力了、盡力了，但是出了錯，我能夠理解，可是在這件事上，我看到了妳對待工作的態度。這次我只是以一個過來人提醒妳，希望妳能明白我的苦心。」彭佳超過了一般上級對下級的寬容。

我有些難過。自己的無能給別人造成了困擾，加上艾莉的刻薄，我挫敗的心情雪上加霜。我開始出現倦怠的情緒，是自己錯了嗎？錯在哪裡呢？能力不夠也不是我自己能左右的事，為什麼沒有人理解一下我？心裡像堵了一塊大石頭，我悶悶不樂地盯著電腦的右下角，盼望著下班。

下班了，可我並沒有因此而快樂。因為心情鬱悶，也沒什麼胃口。算了，去市場買條魚煲湯吧。我實在沒什麼精力去找點別的娛樂節目了。

「小姐，妳要什麼魚？今天的魚最新鮮，要不要來一條？蒸、煮都不錯哦！」魚販不知道哪裡來的精神，連吆喝聲都洋溢著快樂。

「好吧，那就來一條魚吧！麻煩幫我處理一下，我燉湯。」我說。

「好的」魚販熟練地撈魚、秤重。之後把魚往後面砧板前的人拋去，另一魚販一舉手，接個正著。旁邊的顧客對魚販和同

事間這默契的「小雜技」驚嘆不已，趕緊也買了一條，然後興致勃勃地看他們又一次拋魚。

我好奇地問魚販：「老闆，你們這樣拋魚不會更費力嗎？」

魚販解釋道，有一天，顧客非常多，於是他把魚拋給櫃檯後面的一個同事，一開始他這樣做，是因為這麼做效率比較高。後來，他們發現顧客還會興致勃勃地看著他們拋魚，本來既辛苦又沉悶的工作也變得有趣多了。

我細想之後發現，魚市場的工作人員在努力工作當中融入了「玩」的方式。而「玩」就是他們不會情感耗竭的祕訣所在。

「玩」不僅僅是一種享樂行為，更重要的，它是「愉悅」這種積極情感的表達。在工作中，「玩」能讓你樂在其中，投入而享受，忘卻疲累。同時還可以激發你的創造力，提高你解決問題的能力。在工作中「玩」得盡興，更能使你放鬆身心，有益於健康。

在公司裡，我當然無法像魚市員工那樣和艾莉「拋魚玩」，大家追求專業、追求極致，將日常工作做到最好。我想，我可以努力工作，認真完成公司的任務，但在這個過程中，我可以不讓自己太過嚴肅。

第二天，我把昨天睡覺前計劃的「拋魚」行動寫在了便利貼上，我把所有需要和艾莉銜接的工作都當作是炸彈的裝置和投

放過程，裝置過程就是我自己需要完成的部分，等裝置好了，交接給艾莉的時候，就是炸彈投放過程，這樣就可以盡情地「轟炸」艾莉了。我還在和艾莉之間的隔板上貼了一張超人的貼紙，這些小動作都讓我工作得非常開心。每次和艾莉交接工作時，我都忍不住嘴角上揚，因為我腦海裡浮現的都是艾莉被炸彈炸得灰頭土臉的場景，而艾莉則被我沒有來由的喜悅氣得莫名其妙。

我明白「玩」在工作中的重要作用，因為「玩」背後表達的積極情感，是一種積極情緒體驗，這種體驗是一種「類狀態」。「類狀態」是指人暫時的一種行為表現，是可以透過後天訓練來提高。

曉得善用人生，因為生命是悠長的！工作是生活的一部分，怎麼樣在工作中善待自己呢？我把「玩」的心態引入工作中，善於用「玩」的方式來工作，枯燥的工作被我注入了新的活力。

怡彤老師說 ·····························

「態度」來源於人們基本的欲望、需求與信念，它是一種價值觀和道德觀的展現，是一個被我們經常提起卻又不認真實行的詞。人們常說，事情的結果不重要，重要的是你在事件中的態度，好的心態往往能導致好的結果。

一週五天的工作，如果不快樂，那麼你的人生將有三分之一的時間是快樂的。高爾基有言：如果工作快樂，你生活在天堂；如果工作不快樂，你生活在地獄。讓我們看看一個單字：Job 工作。如果拆開看，J=Joy；o=office；b=best。那麼意思就是：只有快樂工作，才能做得最好！

快樂是人的需求得到了滿足，是生理、心理上表現出的一種反應。快樂也是一種感受良好時的情緒反應，常見的成因有感到健康、安全、愛情等。快樂工作就是將這種反應帶到工作中，在工作中大多數時間內能夠處在這種反應中。

能否快樂工作，我認為取決於三個方面：興趣度、投入度和玩。我曾經在一家企業做過快樂工作的調查，發現 60% 的人有不快樂和想換工作的情況；40% 的人總體上能感覺快樂。

不快樂的工作會在職場中產生連鎖反應，最直接的惡性循環如下：不快樂工作 —— 情緒反應 —— 行動反應 —— 行動結果 —— 更加不快樂。最終會導致工作績效下降、滿意度和忠誠度降低。

那麼如何做到在工作中變得快樂呢？

對於深挖興趣孔子有言：知之者不如好之者，好之者不如樂之者。興趣是最好的老師，是工作最好的引導者，是快樂工作的源泉。職場上，興趣不是一揮而就的好感，而是經過多次

檢驗，綜合能力和優勢考慮後 —— 一個你想做的事、你要做的事以及你能做的事最佳的結合甜蜜點。

只有這樣，興趣才能穩定下來，而不是飄忽不定。心理學的研究顯示：興趣與成績之間的關聯度是雙向正相關的：興趣高，成績佳；成績佳，興趣更濃。

職場中，興趣只是一個自我的敲門磚，門開啟了，還要不斷探索，不然興趣很容易戛然而止。

保持投入：很多人都感受過投入的魅力。投入在工作中，投入在藝術創作中，投入在玩耍中……到底什麼情景，能令我們投入呢？

積極心理學一直研究投入給人帶來的積極心理感受，其中涉及一個詞：Flow 心流。心流感的研究指出，當人全神貫注一項活動的時候，會失去時間感、自我感，如果活動有一定的難度挑戰，而且回饋及時，那麼會增加掌控感。這種酣暢淋漓的感受，就是心流出現。心流一旦出現，投入度就會隨之增加。

這樣解釋，恐怕很多職場人都會明白，為何在某些專案的衝刺階段，自己好像打了雞血一樣，廢寢忘食、通宵達旦。反倒是工作完成的那一刻，感到莫名的失落。

有一個經典的案例：美國西雅圖的快樂魚市場。該魚市場之所以能成為經典案例，就是因為他們提出了玩出工作樂趣的

新型管理思路。「如果你把自己玩時的心情注入某項與工作有關的活動，情況會怎麼樣？」玩在這裡的含義，主要是指把我們手頭進行的工作注入活力，同時激發出創造力和解決問題的能力。誠然，不快樂的工作感受，往往跟局限、問題、癥結等充滿無力感的詞有關。很多職場菁英都是懂得「玩」的人，因為工作和娛樂中有很多接近的共性。玩在工作中是一個建設性的參與手段，能讓人的活力和潛能得以發揮，使沉悶的工作猶如陽光灑落，充滿溫暖和喜悅。

和工作培養戀愛關係

　　香港分公司已經成立半年了，我憑著自己的智慧和對工作的積極態度，獲得了一定的認同，彭佳已經開始分派給我一些實質性的工作。受到賈斯汀的啟發，我開始關注心理學方面的內容，並順利獲得去美國某高校進修的機會，我每兩個月去美國學習心理學碩士。

　　「你好，陳總，你那邊準備妥當了嗎？……行，我下午過來看看。」剛到公司我就開始忙碌起來，「經理，我下午到九龍塘的酒店去確認一下餐點那些細節，我吃完午飯就不回來了，直接過去哦……嗯，好的……好的……」我向彭佳簡單報備了一下，收拾了辦公桌，拿著包包就出門了。

香港的冬天很短，四月分已經可以穿短袖襯衫了。我拿著在超商買的三明治，邊走邊看手裡的資料。剛過正午的陽光直直地透過樹葉，細細碎碎地點綴在我身上。或許和性格有關，對於陽光，我不像其他女孩子那樣討厭它，更多的是喜歡，要是此時能踩在沙灘上更好。

「你們辦公室就妳一個人？」隔壁銷售部的小夏在我的桌上放下一張請帖，而此刻我正在為一份新的合約而絞盡腦汁。

「哇，妳要結婚啦？」我有些羨慕地翻看著華麗的請柬，請柬上醒目的飯店名稱我早有耳聞，只是一直捨不得去享受那奢華。

小夏臉上洋溢著喜悅：「是啊，妳看，這是我老公送我的鑽戒。」亮閃閃的戒指在我的面前晃來晃去。

小夏炫耀的目的達到了，而我卻陷入了憂慮。我想起昨天媽媽打電話來質問自己為什麼最近不常往家裡打電話。其實我何嘗不想給家人打打電話，想跟媽媽談談工作、撒撒嬌。可是我卻害怕給家裡打電話，每次打電話都是原封不動的老三樣：升遷、房子和男朋友，最關心的當然是終身大事了。我一直不認為升遷或房子、男朋友是人生唯一追求。

在我的眼裡，自己還不屬於「剩女」，我離這個特殊的群體還很遠，無論在職場中還是生活中，我更願意做「勝女」。學習

心理學是我目前的最愛，我喜歡自信、自我、自由生活在繁華的大都市中，展示自己的魅力。

我知道，父母希望我能夠按照他們的計畫表執行人生規劃，可是我更希望實現自己的理想，實現自己的人生價值。父母不會理解自己的想法，「天經地義」的想法應該是：想盡辦法嫁好。

從工作中獲得幸福是我來到這個大都市的主要目的，我不會因為貪圖「免費搬運工」，而去找男人逛街！我要在工作中實現自我理想，但父母有的時候卻對此嗤之以鼻，這是令我感覺到壓力和焦慮的地方。

我摸了摸自己僵硬的後頸，抬頭才發現辦公室裡早已是人去樓空。肚子咕咕地叫了好久，我只好起身去倒點熱水來喝。老天彷彿故意嘲笑我一般，連飲水機的水都沒了。這突然提醒了我，明天會議要用的資料和飲料都還沒有準備好。

「剩女」就應該顧盼自憐嗎？我的答案是「NO」。面對生活中的各種煩惱，我的處理方式就是工作再工作，把自己調整且置身在忙碌、緊張的工作當中。擁有自己的高標準、嚴要求，不求最好但求精益求精，在工作中盡顯自己的能力、潛力、天資，我在一次又一次成功中獲取自己的「高峰體驗」。

明天是兩個部門的聯合會議，我要準備很多資料，足足複

印了一盒 A4 紙。我把資料一份一份地裝訂好，然後又到儲物間把飲料搬出來。整箱整箱的飲料實在是太重了，我看辦公室裡也沒人，索性脫了高跟鞋，赤腳搬著大箱子方便多了。我脫了鞋子搬東西的樣子可真「女漢子」，不過心細的優點又掩蓋不住我女性的魅力。

面對自我認同與社會期待之間的矛盾，我牢牢把握其中的平衡點 —— 主動選擇權。我有時候在想，是不是應該按照別人所期望的路走下去。可是我擔心有一天會後悔，我寧願按照自己的心自由生活，在工作中表現出出色的認知能力，謙虛的態度，有創造性，有勇氣，不膽怯，有責任心。我憂慮的是，即使自己堅持按照自己的期望走下去，但是發現現實和自己期望之間的差距大到無法接受的地步，自己會不會崩潰呢。

在當時浮躁的氛圍下，自己的堅持顯得那麼可笑。那些越積越多的負面情緒讓如此樂觀的我都倍感壓力。為了讓自己能擺脫那些像五指山一樣沉重的壓力，我拚命地將自己淹沒在工作中。我彷彿找到了考大學前的那股專注，心無旁騖地投入工作之中並沒有讓我感到工作的壓力巨大，反而淡化了壓力。也是因為這份投入和專注，我在工作中感受到了成就感和幸福感。

多年以後，我站在講臺上把自己的幸福帶給每個學員的時候，我終於知道：當初的堅持並沒有辜負自己。

怡彤老師說 ···

　　職場壓力過大，年輕員工難以在職場中感知「幸福」。隨著知識經濟時代的到來，社會競爭空前劇烈，越來越多的年輕員工，早早就開始面對房子、婚姻、家庭、子女、人際等社會現實問題，尤其在一些浮躁氛圍的鼓吹下，價值觀的扭曲更彰顯年輕員工自我不斷提高的期望值與現實差距之間的矛盾。工作競爭和人生理想實現的多重壓力，導致越來越多的工作負面情緒出現，年輕員工難以在職場中感知「幸福」。

　　在龐大的「剩女」隊伍中，有一個特殊群體引人注目，她們被稱為「勝女」。當許多「剩女」因形單影隻而自怨自艾、令人噓唏時，無論在職場中還是生活中，同樣單身的「勝女」都以自信、自我、自由的形象，令人不得不折服於她們的魅力。

　　「剩女」就應該垂首自憐嗎？「勝女」告訴我們，答案是「NO」。正如在韓國大選中高票得勝的朴槿惠女士，自稱「無父母、無丈夫、無子女」的她以果敢、務實的政治家魅力贏得了廣大韓國民眾的支持，成為韓國首位女性總統，盡顯「勝女」風範，令人折腰。

　　實際上，「剩女」與「勝女」不僅僅差一步之遙，後者是在實踐一場蛻變。從馬斯洛（Abraham Harold Maslow）的角度，自我實現是潛在人性（天資、潛能、能力）的一種自然顯露和現

實化過程，是自我發揮、自我完成、竭盡全力使自己完美的過程。這種完美，是事業與生活的和諧，是精神與物質享受的雙豐收。不管是主動選擇，還是被動剩下，職場「勝女」選擇了自我實現、自我完善的蛻變歷程。

■ 自信──

在事業上，職場「剩女」擁有自己高標準、嚴格要求，不要求最好但求精益求精，在職場中盡顯自己的能力、潛力、天資，在事業的一次又一次成功中獲取自己的「高峰體驗」（Peak Experience）── 人的最佳狀態，自我的強烈同一性體驗。於是，在生活中，她們也不斷地充實自己，或進修或旅遊，開拓自己的眼界。在此刻她們具有最高程度的認同感，最接近真正的自己，達到了自己獨一無二的人格或特質的頂點，潛能發揮到最大程度。自信，不言而喻。

■ 自我──

面對自我認同與社會期待之間的矛盾，職場「剩女」牢牢把握其中的平衡點 ── 主動選擇權。自我認同是指個性化的價值追求，社會期待則是社會化的價值路徑。如婚姻，社會群體價值認為，建立婚姻關係是適齡女性的必需行為，「剩女」的「單身」狀態與社會期待不符，帶來許多負面評價。許多「剩女」被輿論打敗，為走進婚姻而匆匆忙忙，迷失了自己，喪失規劃。

然而對「勝女」而言，單身並不是外力所迫，它更不意味著親密關係的缺乏，而是對人生有信心、負責任的選擇。這種主動選擇的意識根植在「勝女」的思維中，讓她們面對任何矛盾都不會迷失，包括婚姻。同時，她們也不一味倡導女權主義的強勢之風，她們深諳應用女性的優勢去包容和融通職場中的不公平。知名媒體人曾經說過，女人可以不成功，但不能不成長。成長就是自覺邁向自我的航程。

▌自由 ──

這種自由，是「心理自由」── 從個體發展上來看，一個自我實現的個體，實質上是將自我調節、自我控制能力高度發展情況下的多方面心理素養不斷提升，即達到「心理自由」。在職場上，通常表現為出色的認知能力，謙虛的態度，致力於自己所認為重要的工作、任務、責任和職業，有創造性、有勇氣，不膽怯，不怕犯愚蠢的錯誤，很少有自我衝突的狀態。這種「心理自由」源於勝女高水準的心理彈性 ── 對外界環境變化的主動適應和積極調控。面對非議，勝女並非坐以待斃，而是面對非議的核心，以最佳狀態的自己改變環境。例如，對於「被剩下來」的社會歧視，「勝女」調整自己心態，明確自己婚姻價值觀和職業發展路徑，以有準備的狀態迎接機會。誰敢說，她們不是自由的呢！韓國總統朴槿惠女士就曾經說過，她嫁給

了韓國人民。這種把人生價值觀放在國家、民族、人民的高度，也是一個女性高度自我實現的表現。

　　但是我並不是倡導大家不去戀愛與結婚，我只是尊重一些女性的選擇，當然我是多麼強烈推崇女性在職場中找到自己的幸福。職場不是人生的全部，婚姻也不是人生的全部，任何一個職場女性，都在面對著職業與婚姻的問題。我認為首先是心態，其次是時間管理，再次是人脈，個人形象與品牌也是問題的關鍵。在幸福的案例研究中，「工作心流」是一個常常被提起的詞。「工作心流」意指，在工作當中，如果有「忘卻時間、忘卻自我、工作具有控制感、及時回饋以及需要一定技能才能完成」這幾個方面的要求，那麼員工在工作中感受到的幸福感將大大提高。女性可以透過在職場的一場自我實現式的蛻變，去把握住「自信、自我、自由」的職場成功女性祕訣。「越專注，越幸福」，這是在職場幸福中一個實證的結果，我們希望透過更多的管道傳播出來，讓員工普遍感受到職場的幸福。

第五章
良好心態十分重要

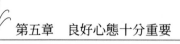

拒當「受薪階級」

年度的拓展培訓計畫是公司培訓的重頭戲，由於我在工作中的出色表現，陳力生把整個活動籌劃交給我和傅江龍一起負責，但和傅江龍的合作卻讓我很為難。

「怎麼搞的？這麼簡單的事都辦不好？之前不是特別交代過經費問題嗎？會場安排那麼偏僻，接送員工的包車費用會大量增加，你們難道沒有考慮？」一大早陳力生就對我發出指責，我吐吐舌頭，從陳力生辦公室走出來後迎面碰上了一臉慌張的傅江龍。

我叫住了傅江龍，悄悄把方案被「打槍」的事告訴他。傅江龍想了一想，一臉不耐煩地讓我去會議室等他，兩人重新考慮一下活動的預算問題，特別是場地選擇問題。

走進會議室後，傅江龍神神祕祕地把會議室的門關上，把供應商目錄往桌上狠狠一摔，嘆了一口氣：「老陳有病吧？」說完看了我一眼，又說，「妳不覺得這些主管腦子都有問題嗎？」

我一時也想不到什麼反駁的話，只好默默在一旁聽著。

傅江龍繼續發洩著他的不滿：「哪有那麼好的事？又想省錢，又想樣樣都是好的，純粹是在給我們出難題！」傅江龍打開目錄嘩啦嘩啦地翻起來，嘴裡還不時嘮叨。

　　我知道傅江龍這個人總是喜歡抱怨別人，抱怨工作，而且過分敏感。有時候陳力生只是瞄了他一眼，傅江龍就可以在我耳朵邊竊竊窣窣問好幾天，誠惶誠恐地認為自己一定又落了什麼小辮子在陳力生手裡。對於上司，傅江龍私底下是抱怨；對於下級，傅江龍又非常固執，總是咄咄逼人，經常說些讓我很為難的話。

　　對於如此消極的傅江龍，我覺得遠離他是非常有效的辦法，可這畢竟是工作，怎麼躲？我發現，在消極人群中，無論是誰都還是有積極的一面，譬如上司傅江龍，雖然他喜歡抱怨主管，還總是咄咄逼人，但在專業技能方面卻非常優秀。也許這就是這類人的特點，是「恃才傲物」的表現。雖然跟傅江龍工作有些不愉快，但我還是以積極的心態跟傅江龍工作、學習，這讓我在業務方面得到很大提升。

　　「陳力生真的很喜歡無理取鬧！他總是理所當然地分配任務，一點都不為我們考慮。」訴苦的理由總是源源不斷，傅江龍又開始宣洩他內心的不平衡感。

　　我面對這樣的場景，只好微笑，如果這個時候我贊同他的話，則會被消極傳染，兩個人有可能一起跌入「消極」的陷阱。如果我表示不贊同的話，傅江龍就會咄咄逼人和我爭論半天，最後浪費的是大家的時間。

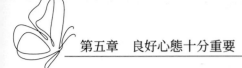

我轉念一想，說道：「哎呀，傅經理，你來幫我看看這個方案會不會被罵啊？我還有很多細節上的問題要請教您……」有時候「躲避」並不一定要真正的在距離上遠離消極人群，投其所好，轉移他們的注意力也是一種好方法。

怡彤老師說 ···

講解這節內容之前，我們先做個測試，要在職場中有所發展，一方面要發揮個人的能力，另一方面還要移除不少障礙，才可以在職場中扶搖直上。以下 10 項是針對未能有出色表現的員工，而歸納出來的職場障礙，我們可以一一對照一下：

缺乏創意：只會做機械式的工作，不停地模仿他人，不會追求自我創新、自我突破，認為多做多錯，少做少錯。

難以合作：沒有絲毫團隊精神，不願與別人配合及分享自己的能力，並無視他人的意見，自顧自地工作。

適應力差：對環境無法適應，對市場變動經常無所適從或不知所措，只知請教上級，也不能接受職位調動或輪班等工作的改變。

浪費資源：成本意識很差，常無限制地任意申報交際費、交通費等，不注重生產效率而造成許多浪費。

不願溝通：出現問題時，不願意直接溝通或不敢表達出來，

總是保持沉默，任由事情惡化下去，沒有誠意帶出問題，更不願意透過溝通共同找出解決方案。

沒有禮貌：不守時，常常遲到早退；服裝不整，不尊重他人；做事散漫或剛愎自用，在過分的自我中心下，根本不在乎他人。

欠缺人緣：易忌妒他人，並不欣賞別人的成就，更不願意向他人學習，以致在需要同事幫助的時候，沒有人肯伸手援助。

孤陋寡聞：凡事需要別人的照顧及指引，獨立工作能力差，需要十分清晰而仔細的工作指引，否則做不好。對社會問題及行業趨勢也從不關心，不肯充實專業知識，很少閱讀專業書籍及參加相關活動。

忽視健康：不注重均衡生活，只知道一天到晚地工作；常常悶悶不樂，工作情緒低落；自覺壓力太大，並將這種壓力傳染給同事。

自我設限：不肯追求成長、突破自己，不肯主動接受新工作的挑戰。抱著「社畜」的心態，認為公司給什麼就接受什麼，自己只是一個人微言輕的小職員。

以上 10 個障礙值得逐一跨越，只要對態度、知識、技巧等做出檢討，並且肯思考、判斷、分析，並與時俱進地學習，就能移除障礙。

「社畜」可以理解為受僱於老闆的工作，都叫「社畜」。

　　「社畜」本身沒有褒義與貶義之分，但是，身為職場人士「社畜」的心態不可取。「社畜」的心態大致表現為：我是在為別人而工作；此處不留人自有留人處；上班就是為了賺錢，等等。自稱為社畜的人給別人的感覺是看低自己，隨時有離職的可能，與企業關係淡薄。這些心態對於社畜的個人成長與長期利益沒有任何好處。

　　「社畜心態」往往表現出某些人對企業、對團隊利益漠不關心。團隊發展是個人發展的基石，「社畜心態」具有相互傳染的作用，一個人出現消極的「社畜心態」會使整個團隊受到影響。堅強的團隊不怕百戰失利，就怕灰心喪氣。

　　思路決定出路。社畜的心態決定了自己不會成為公司不可分離的一分子，這樣的心態導致自己成長的大門被關了一扇，任何一個老闆都不可能把成長的機會讓給一位有「社畜心態」的員工。同樣的機會，同樣的工作能力，甚至員工 A 的工作能力還比員工 B 的高，但員工 A 的思想行為處處表現出了社畜的心態，精於算計，出多少錢做多少事，太過斤斤計較。而員工 B 著眼大局，懂得取捨之道，把公司的事當作自己的事一樣地做，那麼員工 A 在職場道路上永遠沒有成長的機會，而員工 B 卻經常被機會光顧。這就是「社畜心態」的利與弊。

　　「社畜心態」認為自己永遠是為別人而工作。因為是為別人，本來要「十分」用心，結果卻用心「八分」，得到了「六分」

的結果。而一旦是為自己，本來要「十分」的用心，結果卻「十二分」用心，最後得到了「十四分」的結果。

要想取，先得捨。看得開處處是機會，看不開處處是阻礙。為什麼調薪是別人？為什麼升遷是別人？為什麼機會從來沒有降臨到自己的頭上？想一想吧，是不是「社畜心態」遮擋住了你的心智。無為之為，無慾之慾，無私之私，會無往而不勝的，無為之為是大為，無慾之慾是大儉，無私之私是大善。也許你會說這是一家很爛的公司，我不會在這裡做多長時間，但是不管你做多長時間，不影響你以長遠的思維去對待工作。不管在什麼樣的公司，只要你身在其職，就應該用職業化的姿態對待自己的工作。

將工作當作事業，成為人生的贏家

上午十點，陳力生和我坐在大會議室裡商討面試的一些事宜，我們面前擺放了厚厚一疊履歷，看來今天的工作量必然不會少。我不喜歡當面試官，因為做法很不專業，面對那些剛出校門的新人，我總是狠不下心，總是忍不住提醒面試者怎樣做才會更容易獲得職位。

面試不是「扮家家酒」，它是徵才者和求職者思想碰撞的

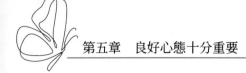

過程，由於勞動者「供過於求」，陳力生總是一臉嚴肅地問面試者：「你對自己的職業規劃是怎樣的？可以和我們分享一下嗎？」

面試者胸有成竹，面帶微笑：「我剛剛出校門，我希望能有一份能夠養活自己的工作，讓我在經濟上可以獨立。兩三年後，我希望能從技術工作轉型做市場或是銷售類的工作，累積自己的人脈和經驗。」這樣千篇一律的答案，我聽過太多了。果不其然，陳力生不動聲色地把履歷從檔案夾裡抽出來，看了一眼我。我心領神會地對面試者說：「謝謝你來參加我們的面試，你的基本情況我們都已經了解了，我們將在三個工作日後通知你面試結果，你可以回去等通知了。」應徵者禮貌地起身退出了會議室。

「終於結束了。」陳力生邊說邊把檔案夾裡的幾份履歷收了起來，我心照不宣地把檔案夾外的履歷整理了一下。這是陳力生的習慣，只要他把履歷抽出檔案夾，說明這個人已經失去了競爭這個工作職位的機會了，多說無益，我可以直接打發了。

收拾完，陳力生似乎並沒有離開會議室的意思。我拿著陳力生的水杯幫他倒了杯水。陳力生說道：「為什麼每個人都只是把工作當成 job，他們只是為了謀生而工作，對工作只希望得到金錢這一種回報。」

我說：「其實這也是人之常情嘛，因為工作最直接的回報就是金錢，這也是很多人工作的目的呀。工作或許有些別的回報，但是因為那些回報是很難被量化或是有形化的，所以容易被大家忽略，金錢被認為是標準。」

陳力生點點頭說：「對，但是我卻不這樣認為，我從一畢業工作就不這樣認為。的確，我也是為了報酬而工作，可是我更多的時候可以在工作中獲得成就感，這些成就感就是我熱愛自己的職業的原因之一。也正是因為我的熱愛，我才能在工作中更投入，也使得我比別人升遷得快，這顯然也是工作的意義之一。」

怡彤老師說 ⋯⋯⋯⋯⋯⋯⋯⋯⋯⋯⋯⋯⋯⋯⋯⋯

我非常清楚工作、職業和事業的差別，它們各自有自己的意義。如果員工將就業視為工作，那麼這只是他達到目的的一種手段（如他的目的是養家餬口），這類員工不期望從中獲得薪水之外的其他東西。員工能在公司賣命的唯一動力只是薪水，如有薪資水準更為吸引的工作擺在他們面前，他們會是第一個跳槽的人。

如果員工將就業視為職業，那表示員工對這有更深的投入，他不僅透過金錢來現實自己的成就，也透過升遷來彰顯自

己的成功。員工喜愛這份職業，但是希望幾年後自己能有更好的職業發展，獲得更高的薪水。因此，這類人與同一東家維持良好合作關係的期限不會超過 5 年。

如果員工將就業視為事業，那他會充滿熱情，甘於與東家同舟共濟。從馬斯洛的需求層次理論來看，事業能夠滿足一個人最高層次的需求，也就是獲得社會的認可以及自我價值的實現。自我實現的需求，是在生理、安全、社交和尊重這四個需求被滿足的前提下，繼而產生的一種衍生性需求。自我實現的需求包括了對於真善美的至高人生境界的追求。

有一家分公司的銷售經理對我說：「很多人都說熱愛自己的工作，可是我覺得我對於這份工作不光是熱愛，還有一份責任。所以每一次銷售部離開一個同事，我都倍感心疼。因為我覺得事業是自己生命中重要的一個部分，我很高興自己可以進入這個行業，這家企業。」

但是大部分時間，我遇到的都是把工作當成工作的人。每到發薪資的第二天，就有很多人跑到人力資源部來詢問自己的薪資情況。

「昨天發薪資了，為什麼這個月我的出勤扣了那麼多？有的時候我遲到，但是我補了假單的，怎麼也要扣我的薪資？」這種算是客氣的同事。

「你們人資怎麼做事的？動不動就苛扣我們薪水，公司又不是你家開的……」當然也難免遇到這樣說話不好聽的同事。

職場經驗多了，我明白這樣一個道理，把工作當成事業並不是所有人都樂意為之的，也並非所有人都能實現。只有當這份工作被員工自己確定為人生目標和理想時，員工才會不惜一切個人資源和努力為之奮鬥，甚至將自己的人生投入其中。反之則是只希望得到回報，不願意付出。

我捫心自問，自己能不能把目前的工作當作一份事業來對待，答案是很不確定的。但是，我還是努力從心理上引導自己。我曾在自己的備忘錄裡簡明扼要地寫下每一項工作的成果，時常提醒自己，每一項工作都非常有價值，也非常有意義。

職場中，每個人都想成為激烈競爭下的贏家，但是只有把工作視為事業的人才能成為贏家，因為他們在工作中能體會到快樂，能感到幸福。工作中的小小成功都能給我帶來很大的滿足感，雖然還不能完全把工作當作事業來對待，但盡可能往這個方向努力，因為想在其中獲得無限快樂和自由。

初入職場，當我們還無法將工作視為事業時，我們該怎麼辦？根據馬斯洛需求層次理論，人的需求從低到高分為五個部分，但在職場中只要能夠滿足生存需求、尊重需求和發展需求，那麼個人在打拚過程中就可以獲一定的滿足感，將就業視

為事業的機率就比較大。

　　初入職場，我們首先要滿足生存要求，然後才是發展要求。還無法解決溫飽問題的時候，我們可以將「事業」當成一種心態，想什麼來什麼，只要具備這種心態，把工作當作事業只欠東風。

　　身在職場，怎麼樣才能把工作當作事業？職場就是一個大熔爐，這裡包羅萬象，氣象萬千！面對激烈的競爭環境，我們不但要「找口飯吃」，更重要的是獲得他人的尊重，讓我們的工作、生活過得更加有意義，享受幸福。

　　員工將自己的工作當作事業來做，公司努力讓員工將這份工作視為他的事業。企業如果能夠讓員工在公司打拚的過程中收穫很大的滿足感，那麼員工就會以極大的熱情作為回報，甚至把為公司貢獻自己的力量視作生命裡面不可或缺的存在。

　　首先，對工作要有激情。激情，是一種飽滿的精神狀態，是一種積極的工作態度，它是事業之魂，成功之基。工作沒有激情，就好比身體沒有靈魂。一旦工作有了激情，就可以不畏艱險，不怕失敗。

　　其次，以做學問的態度和精神做工作。工作中有學問，實踐中有真知。相同或相似職位，有人碌碌無為，有人卻成績斐然；有人停滯不前，有人卻不斷攀升，同一項工作由不同的人

來做，可能事倍功半，也可能事半功倍，原因就在於對其中所包含學問的參悟程度不同。

最後，以尋找樂趣和忠於職守的態度做工作。視工作為樂趣，就能找到快樂的源泉，就會激發工作的熱情和創造力，就會「樂此不疲」，而不會把工作僅僅視為謀生的手段，更不會當成負擔，當成累贅。古人云：「在其位，謀其政；行其權，盡其責。」有了這種精神，做不好工作就寢食不安，不創一流誓不罷休，而不是心浮氣躁、得過且過，做一天和尚撞一天鐘。

如果工作只是你的一件差事，那麼即使是從事你最喜歡的工作，你仍然無法持久地保持對工作的激情。但如果你把工作當作一項事業來看待，情況就會完全不同了。

第六章
高效率工作

找到好前輩來請教

「大學畢業至今，在不同時期、不同職位，我多次以新人身分接受前輩們的指導，受益無窮。」我回憶多年來的職業生涯，不禁感慨。多年來，雖然數次經歷風波，我在「學徒」與「老師」角色互換之間追求進步，我的身邊也有很多培育我，帶我跨越事業高峰的職場良師。

「20分鐘後人力資源部所有人員到第二會議室開會，妳過去通知彭佳，她們部門也一起參加。」陳力生安排今日的工作。

十幾分鍾後，第二會議室已坐滿人。薩莉問我：「什麼事啊？這麼著急？」

我搖搖頭，示意自己也不知道，薩莉只好嘟嘟嘴，埋頭看著自己的手機。幾分鐘之後，陳力生走進辦公室，領帶鬆垮繫在脖子上，我第一次看見陳力生如此一副如臨大敵的模樣。

「分公司老闆回總公司的事，大家應該都知道吧。」陳力生環顧了一下眾人，接著說：「總公司對分公司前兩個季度的業績十分不滿，我剛剛接到賈斯汀的電話，總公司主管要在本週末到我們分公司視察。這次的接待任務由我們人力資源部負責，希望大家打起精神好好做事。」

接下來，從星期一到星期五，人力資源部進入全面備戰

狀態。

任務很快分配到每個人，我之前在行政部做過接待工作，與很多供應商打過交道，因此被安排負責食宿工作。

但是我的進展並不順利，到了週三還沒有把經費搞定，因此，我也被主管叫到辦公室：「不是叫妳先去和財務討論之後再做決定的嗎？妳討論了嗎？」

我確實沒有先去與財務討論，每次提到財務部我就怕，就一拖再拖沒去討論，我只好硬著頭皮說：「我確實沒和財務部討論，我現在就去問。您覺得這樣行不行：您暫時在這份方案上做修改，我和財務部討論之後，把財務部和您的意見綜合在一起，這樣行嗎？……」

我自詡自己是有擔當的人，錯了就該承擔。我也明白，陳力生之所以比自己的職位高，一定是因為他在很多方面的工作經驗豐富過自己。陳力生在幫我分析問題、解決問題的時候，我很樂意接受。陳力生其實並不會出於惡意責怪我，他是為了我的成長，哪個新人不是在錯誤中總結經驗的？

於是我趕快去處理，很快便完成了。

師者，傳道、授業、解惑也。老師，不僅僅是一種行業的稱呼，內涵可以延伸為教導、幫助他人的人。除了學校的老師外，在職場中也有很多雖不稱為老師，勝似老師的人 —— 或許

是你的師傅、上司、主管、客戶、資歷豐富的同事。這些老師不僅可以教自己工作方法，還可以直接影響自己對工作生涯的看法，甚至可以變成職場的良師益友。

很多人都是我的職場良師，在他們的提攜下，我很幸運地獲得了好工作。職場良師不是時時有、處處在，有時候我們苦尋的那個良師，可能就像沙發底下的那枚鈕扣很難找到。但是如果你善於發掘，抱著時時虛心向他人學習的心態，職場良師無處不在。有時候同事和上級不經意地提點都可能讓你邁出一大步。

怡彤老師說

身在職場，良師可遇而不可求，如果有人肯在職場裡提攜你一程，成長的速度會大幅度提升。進入「後伯樂時代」，守株待兔式地等待職場良師顯然是過於被動，我們應該主動出擊，在職場裡尋找自己的良師。根據一份調查顯示，有47%的人在職場中會偶爾遇到職場良師，這47%的人中又有44%的人認為職場良師是自己的上司。

職場最初的關係形態是師徒制。《西遊記》的四位師徒歷經磨難獲取真經就是最佳案例。如今的社會，師徒制單一性管理方式被更為先進的形式所打破，但「老師」這個形象，依然內

化進入了不少職場人的記憶中。初入行時候遇到的年長的人，往往不僅教導自己專業技能，還直接影響我們對職業生涯的看法，一直都是每個人心目中的職場良師。

職場良師可以給予我們什麼幫助呢？

· 教導你提高工作技能

· 提供企業相關文化見解

· 引導你正確觀察問題並做出決策

· 帶領你進入團隊

· 解答你工作當中的疑惑

· 啟發你建立更全面的思考方式

職場良師既然能提供那麼多幫助，我相信很多職場新人都一定很樂於接受良師的幫助，可是在尋找職場良師來請教前，需要先思考幾個問題：

1. 我希望良師益友能給予我哪些方面的幫助？

2. 我希望用什麼方式與之學習？

3. 我希望可以學到什麼（能力和素養）？

徒弟找老師，也要認清自己的優點和缺點，分析自己的目標和學習風格，這樣良師才可以彌補你的缺失。

職場良師一半來自於你的工作場所或者非工作場所，包括

老闆、上司、客戶、老僱員或者離職的人。只要覺得對方有提供給你解決問題的方法的能力，那麼就是你某方面的良師。

職場新人要懂得主動出擊，爭取獲得良師受益的機會。在職場上，從本分工作做起，培養實力，展現自己真實的一面，虛心請教，抱著一顆感恩學習的心，職場良師的大門就很容易敲開。職場的良師益友，往往會以經驗作為教導前提。職場新人要懂得提問，帶著想法去問問題，這樣在良師身上交換看法、總結經驗。良師益友不一定能給你確切的答案，或者幫你做出決策，但是經過點撥、經驗傳授，會令你思路豁然開朗，困難也會迎刃而解。

與職場良師益友的互動，不僅僅是和顏悅色，也要經得起批評。至少要注意以下三點：

1. 如果你太愛面子，誰來當你的職場良師都沒有用。

2. 知道是自己問題時，千萬別為自己找藉口，很容易失去立場。

3. 如果你態度開放，欣然接受別人的指正，很多人都樂於成為你的職場良師。

職場良師的批評是另一種教導。新人要理解這點，確實不易。在職場，博弈是常態，所以感恩惜福成為了很多人想做而未做的非常規行為。職場良師與你之間也是一個教學相長的過

程，雙贏收益才是不倒的真理。職場良師也會選擇一個值得幫助的人，而非需要幫助的人。

明日復明日，明日何其多

我雖然以高強度的工作態度積極應對每一天的挑戰，但是越來越多的工作卻總讓我手忙腳亂。月底是每個月最讓我頭痛的日子了，總有那麼多的事情堆著待解決。我幻想，要是自己有一臺辦事機器可以斬掉月底的幾天，那該多好。

月底到了，又到做總結報告的時候，我打開信箱，在一堆郵件中挑出了行政部的工作總結報告，密密麻麻的字眼看不到兩行，陳力生的電話打了過來：「報告寫好了嗎？工作總結報告寫好沒有？寫了立即傳過來！」

我說：「差不多已經寫好了，還有一些小細節要修改，我寫完了傳到您的信箱，明天一早您就能夠看到。」

「嗯，好的，快點寫。」陳力生說完便結束通話。

對著電腦，我是一個頭兩個大，因為我說了「謊」──陳力生的報告根本還沒有寫，而我自己的工作總結報告也只是列了大綱。這些工作本來預留了將近一個星期的時間，並不是我偷懶，而是不經意間一整天的時間就過去了。每到下班的時

間，我就會跟自己說：「沒事，明天再寫吧，反正也不用少時間。」但是第二天又有可能被別的事情耽誤了，我又會想：「沒事，離期限還有三天呢，明天再寫也來得及。」於是就這樣一拖再拖，最後臨到快要交報告了，我才會開始動手寫。

這不就是傳說中的「拖延症」嗎？

離下班只有一個小時，可我手上有三份工作等著繳交。我心理和生理上都到達了承受壓力的臨界點。我既要認真且全心全意寫著報告，又要擔心陳力生路過背後發現其實我並沒有完成，防著「謊言」被揭穿。這和以前上學時在課桌洞裡偷看課外書的情景大同小異 —— 如果這時候電話鈴響起，或者有人喊我一聲，我覺得自己可以立即休克。

平時總覺得一天好漫長，可在這個時候，時間卻顯得特別短，我只寫完第一份工作報告，窗外天就已經暗了下來。主管辦公室早已人去樓空，但辦公室裡並不是我一個人，大家都在埋頭苦幹。

我寫完第二份報告的時候，下班時間已經過了兩個小時。

我走出辦公室，心裡暗暗發誓：一定要改掉自己的拖延問題。

回到家，我第一件事就是打開電腦，一口氣在網路上買了幾本克服拖延症的書。我抱著和拖延症對戰的心態，投入到了拖延症的抗戰中。

我發現，拖延症不過是心態問題，但如果不加以治療，會出現週而復始逐步加重的情況。拖延症往往會帶來嚴重的挫敗感和心理問題，而這種對自己失望的挫敗感又會讓自己陷入到下一次的拖延之中。

以前，我在做事之前總是思來想去，等到萬事俱備時才開始著手。如寫報告，我總是想：「不如等到我把手上所有事都做完再安安心心寫吧。」可是工作怎麼可能都能做完？於是我想到一個好方法，每次有新工作的時候，我就會在手機上設定一個提醒，只要提醒時間一到，我會立刻著手新的工作。每項工作只要有了開始，要繼續完成便也成了易事。

自從調到人事部之後，我更多的時候需要獨自面對更多的問題與挑戰，但我的個性卻不是特別喜歡向他人尋求幫助，有些時候會被逼到「迫不得已」。我知道這種情況不好，但我又很怕別人說我沒有能力，很少在別人面前表現出能力上的不足。

有一次，陳力生讓我擬定一份招聘文宣，按理說這個並不難，可是在遇到一些專業性技術問題時，我找不到以往的參考，所以一拖再拖。每次陳力生催我的時候，我就說快了，實際上根本還沒有寫好。這種事情的結果可想而知，這次的紕漏其實已經影響到我的職業生涯。

亡羊補牢，為時不晚。我發明了任務分塊法，每遇到非常

難的工作，我會捨棄做「縮頭烏龜」，把任務劃分成若干個小任務，小任務很容易完成，這足以讓我信心十足。在心理上獲得成功的鼓勵，「化整為零」成為我對抗拖延症的良方。

「報告……」陳力生又坐在自己辦公室朝外喊了，可是他沒有喊完，因為陳力生發現，自己要的報告早就已經躺在辦公桌上了。我對著自己桌上的小鏡子做了個鬼臉：耶，拖延症對抗完勝！

怡彤老師說

別怕拖延，因為我也曾是「拖延症」大軍中的一員。這段曾經不太「光榮」的事蹟我也願意拿出來與大家分享。拖延不是病，只要我們有一顆勇於面對的心，只要我們鼓足勇氣去解決這個問題，戰勝「拖延」指日可待。

拖延症，近些年被媒體多次提起。身為應用心理學的研究者，我一直認為拖延問題比大多數人想像的嚴重得多。焦慮、拖延，更焦慮、更拖延，每個行為和情緒背後，都有著深刻的心理根源，只有了解這些根源之後，才能減少或者控制拖延行為的不斷蔓延。

2011 年有一項關於「拖延症」的調查，結果顯示，近九成職場人均患有拖延症，並且，86% 的職場人直言自己有拖延症，

僅 4% 的職場人明確宣告自己沒有拖延症。

在心理學研究中，拖延是一個由多種心理原因構成的複雜行為表現。職場中，慢性拖延問題影響到 25% 的成年人。拖延令他們感到表現不佳，職場發展不盡如人意。有超過 95% 的拖延者希望減輕自己的拖延症狀。

我對拖延症可謂深惡痛絕，我也曾在自己的社群平台寫下：「拖延就像蒲公英，你把它拔掉，以為它不會長出來了，但實際上它的根埋藏得很深，很快就又長出來。」我不得不承認，拖延作為職場「頑症」直接影響著我在職業上的發展。

▌表現一：迷失在時間感裡

有人說拖延是為了等待最後一刻靈感爆發，例如，我曾經諮商過一位跨國公司創意總監 Ada，她是一個典型的急才型選手。每次提案之前，她都會把工作集中在最後時刻去完成。而且時間逼得越緊，其潛能就會被激發得越多，靈感也越多。關鍵是做完後，覺得一切都在掌握之中。偶爾完成不了的例子，她就會列出很多理由。所以，總愛把事情拖到最後一刻才完成，哪怕之前有大把的空閒時間無處打發。這是拖延者的一個行為表現之一。這類情況，在職場屢見不鮮。很多拖延者生活在時間感的迷失中而難以自拔，最明顯的表現：主觀時間和鐘錶時間嚴重衝突。

　　我們對時間的流逝都有自己最切實的感受，時而覺得如蝸牛般慢，時而覺得白駒過隙，這種主觀時間感，讓我們真切感受到「自我」的存在。這就是主觀時間的概念。它獨立於鐘錶時間以外。很多因素影響我們形成主觀時間的感受，如科學家研究出來的稱之為「時間基因」，它令某些人是工作效率的高手，有些人則淪為拖延者。拖延者，與那些能夠在主觀時間和鐘錶時間中自由出入的人不同。

　　因此，我用這個觀點分析 Ada 的拖延症表現：

- 主觀時間感強，只按自己的時間表行事
- 出現掌控的幻覺：掌握時間、掌握事件、掌握現實
- 建立一個全能的自我認知

　　為何會出現這種時間感認知不協調的情況呢？這跟人的時間感演化有密切的關係。時間感的演化經過了，我引用《拖延心理學》（*Procrastination： Why You Do It, What to Do About It Now*）書中的內容說明：

- 嬰兒時間：完全活在當下，時間感主觀
- 幼兒時間：逐步學會過去、現在和未來
- 兒童時間：懂得敘述時間，懂得等待和間隔
- 少年時間：第一次感到時間的無限性

- 青年時間：依然感受到時間無限性，更容易出現時間感混亂
- 中年時間：時間危機出現，認識時間有限性
- 老年時間：經歷了生離死別，鐘錶時間不再重要，強調主觀時間。

　　許多拖延者往往對於時間的感知與他們所處的人生階段不符，認知停留在青少年期，對時間的流逝毫不在意。簡單來說，就是一個成年人還以青少年的時間想法來應對工作、家庭、財務和健康等問題。長久使然，就讓拖延卡住了自己的人生之路。

　　接下來，我再分析第二種拖延的表現。

▌表現二：害怕面對失敗

　　「我寧願被人認為做事情沒有盡心盡力，也不願意讓人說我沒有能力、勝任不了這份工作！」說這句話的人是前來向我做心理諮商的一名年輕律師。他學業優秀，帶著無比的自豪，他在眾多競爭者中脫穎而出進入了一家頗具名望的律師事務所。工作不久，菁英圈的工作氛圍，讓他開始用拖延策略來面對工作。上面的那句話就是他的心聲。在他看來，學校成績證明他具備做律師的能力。但事實上這就能使他成為一個出色的律師嗎？透過長時間拖住不寫案件小結，他迴避探測自己的實做潛能。如果他表現

不盡人意，失敗的打擊會讓他非常害怕，以至於寧願拖拖拉拉，他也不願意面對自己表現最佳而得不到充分評價的現實。

拖延，只是為了迴避一個承認自己失敗的窘相，雖然失敗並不一定會發生。拖延者對「失敗」有兩個假設信念：

- 我做的事情失敗直接反映我全部能力
- 我的能力反映我的個人價值

就如形成一個公式：自我價值感＝能力＝表現事實上，拖延者往往把處理某件事的能力等於全部的自我評價，忽略了其他因素。當一個人的自我價值感是由單一因素決定時，問題就產生了。拖延打斷了能力與表現的等號。表現不等於能力，因此如果別人的評價不足，也可以以拖延為藉口，說自己未盡力。讓拖延安慰自己。

寧願選擇承受拖延的困擾，也不願直指真相，迴避他人對自己的負面評價以保護自尊和自我價值。這就是選擇拖延的另一原因。

在職場中，如何有效克服拖延症？我給大家幾條建議：

■ 建議一、分清主次，學會運用二八法則分類

生活中肯定會有一些突發性和急待要解決的問題。成功者花時間做最重要而不是最緊急的事情。把所有工作分成急並

重、重但不急、急但不重、不急也不重四類，依次完成。你發
每封電子郵件時不一定要字斟句酌，但是呈交老闆的計畫書就
要周詳細密了。

分解：把大任務分成小任務。

▌建議二、消除干擾

關掉社群軟體、關掉音樂、關掉電視……把一切會影響你
工作效率的東西通通關掉，全力以赴地去做事情。

▌建議三、不要給自己太長時間

心理專家發現，花兩年時間完成論文的研究生總能給自己
留一點時間放鬆、休整。那些花三年或者三年以上寫論文的人
幾乎每分鐘都在蒐集數據和寫作。所以，有時候工作時間拖得
越長，工作效率越低。

▌建議四、互相監督

找些朋友一起克服這個壞習慣，比單打獨鬥容易得多。

▌建議五、別美化壓力

不要相信像「壓力之下必有勇夫」這樣的錯誤說法。你可以
列一個短期、中期和長期目標的時間表，以避免把什麼事情都
耽擱到最後一分鐘。

建議六、設定更具體的目標

如果你的計畫是「我要減肥，保持好身段」，那麼這個計畫很可能「流產」。但如果你的計畫是「我每週三次早上七點起床跑步」，那麼這個計畫很可能被堅持下來。所以，你不妨把任務劃分成一個個可以控制的小目標。當你的家裡看起來像一個垃圾堆時，讓它立刻一塵不染可能是一件不現實的事，但是花十五分鐘把浴室清潔一下卻也不算太難。

建議七、尋求專業的幫助

如果拖沓影響了你的前程，不妨去看看心理醫生，「理性情緒行為療法」可能會有效。認知方法可以幫患者斬斷拖延思維，情緒方法可以讓患者練就情緒肌肉，行為方法可以教患者如何果斷地行動。臨床指導中把這些方法簡單分為兩類：注重內心成長和價值觀的梳理或注重任務解決和時間管理的執行。

第一類方法，強調挖掘拖延行為的根源，倡導從拖延的根本原因入手，加強對自身的覺察。例如通常拖延者會有完美主義傾向，希望自己準備到完美才開始，那麼讓他意識到「且行且完美」更具有可行性。化解負面情緒、調整不合理認知、強化行為改變，從對自己更深的認識和接納來實現拖延行為的改善。這類方法似乎更能徹底解決問題，也更有利於預防反覆。

第二類方法則聚焦於任務本身的執行，挖掘、組織並利用

自身的積極資源和社會支持系統，力求有個陪練，以在短時間內克服障礙，實現目標。

換個方向看待問題

我再一次正視自己在時間規劃和安排上的弱點，希望把拖延症徹底根治。我看了很多關於拖延症的書，除了了解到拖延症是一種心理疾病，對拖延症的緩解成效甚微。

「妳在看什麼？拿來我看看……《拖延症心理學》？」櫃檯薇薇搶過我手上的書，翻了兩頁，「原來妳喜歡心理學啊，以前我還不知道呢。」

我不希望別人知道我有拖延症，只好接著薇薇的話往下說：「談不上喜歡，就是看看。」

薇薇闔上書說：「哦，我以為妳對心理學感興趣呢！我還想邀請妳跟我一起去港大聽講座呢！」薇薇說完準備轉身離開。

「妳說什麼講座？」我其實非常想去看看。

「哦，沒什麼。我朋友在港大工作，她說最近她們學校從美國回來了一個心理學教授，這週末有個講座，還給我了兩張入場票。妳也知道啦，我那個男朋友是個沒內涵的人，他怎麼可能跟我去聽講座，所以我還在考慮去不去呢。」薇薇突然眼睛亮

起來，拉著我說，「如果妳去，那我就去。妳不去我可能也不想去了。」

我趕緊說：「去啊，幹嘛不去？聽完我請妳吃火鍋。」

「這麼熱的天氣，誰要跟妳吃火鍋啊。港大附近有家好吃的艇仔粥，請我吃粥好了……哈哈，就這麼決定了哦，我等下私訊你碰面時間地點……」薇薇揮揮手走了。

聽完演講從階梯教室出來後，我一直在回味老師剛剛說的話：「在時間面前，歐洲人很富有。對時間的應用，反映了一個人的價值取捨。我們的收入、禮儀、服裝以及購物品味都越來越和歐洲人一致。可面對時間的應用，我們還是『窮人』心理。我們總希望搶在時間前頭去完成所有的事情，總怕耽誤，總怕錯漏，總匆忙地吃速食。」

我仔細想了想自己，這不正是說自己嗎？總是想趕著把工作做完而忽略了自己真正需要的。更多的時候我只是在埋怨自己在工作上的拖延症，卻忽略了自己在人生規劃上的拖延症。

「妳在想什麼呢？這麼專心？」薇薇把菜單推到我面前，讓我點餐。

「哦，沒什麼，我只是覺得這個教授講得真好啊！」我笑了笑。

「兩位小姐，不好意思，這位客人可不可以和妳們併桌啊？

店裡小，沒有位置了。」店家走到我和薇薇面前，輕聲地詢問。

我環顧了一週，店裡早就坐滿了人，來香港這麼久，我也很習慣跟別人併桌了。「可以啊！」我順著老闆的眼神望去，哎呀，這不是剛剛講座的教授嗎？薇薇比我早看見教授，已經站起來伸手跟教授握手了，簡單地自我介紹起來。

「妳們剛剛都聽了我的講座？」教授坐了下來。

我用餘光打量了教授一下，木質黑框眼鏡非常新潮，五官立體，透著混血兒的氣質。淺灰色的襯衫沒有繫領帶，休閒褲休閒皮鞋質感非常不錯，一眼望過去猜不透年紀。

三人在這家小小的粥店聊得不亦樂乎，店外的香港街頭，華燈初上，人潮湧動。每個人都匆匆忙忙地趕往目的地，他們或許和曾經的我一樣，每天經過的街道也因此顯得莫名的陌生。

我向教授表達自己在美國進修心理學的一些狀況，教授說：「這種想法很好啊，妳為什麼想學心理學呢？」

我又回憶起自己的那個噩夢，我說：「就像你在課堂上說的，我們面對時間的時候，總是去追求一些我們下意識想要追求的東西。而意識常常不知不覺就被社會大眾的價值觀牽引走了。譬如大家明明心裡想著要努力工作，賺錢去旅行，結果卻總是只剩下盲目工作這個部分，把最後的目標忘掉了。因為不工作，在別人看來就是形同自殺，於是自己也下意識認為自己

不能不工作，最後只好委屈自己，那就乾脆不旅行好了。」

　　我接著說：「我不希望做這樣的一個人，我希望自己活在當下，也就是現實裡，而不是意識中。我希望能堅持自己的大方向，而不是為了達到一個個散落的小目標而盲目地工作。」

　　教授點點頭，非常認同，接著說：「很多人其實並沒有自己的人生方向，或者說是目標，他們覺得目標是個很虛的東西，有了也是這樣過，沒有也同樣可以過，沒有目標反而活得更輕鬆。沒有目標，就不要為了買房子過好日子去賺錢，錢賺了就是留著花的，所以很多人就是賺一分花一分，甚至有的是賺一分花兩分。他們覺得目標對他們來說是一個束縛，目標讓他們覺得生活有壓力。他們習慣於在沒有任何壓力的情況下，賺多少吃多少，什麼事情發生之後再去想法解決。他們還認為目標是定給別人看的，自己如果有那個能力到達一定的高度，即使沒有目標，也一定可以到達，何必要多此一舉呢。沒有了目標就沒有負擔，就不會因為目標沒有達到而傷心難過，得過且過就是這麼來的。我們確實應該回到現實，堅持自己內心真正的自己，而不是那個意識裡想要成為的自己。意識裡的自己，往往不過是你看到的成功者的一個投影罷了，別人的成功或許根本不適合自己。」

　　我幡然悔悟，自己那些沒有目標的忙忙碌碌完全就只是為了完成工作，換取五斗米。就算有些小目標，也不過是為了獲

得一些物質上的收穫，於自己的人生似乎並沒有多大幫助。我慶幸自己此刻想明白了這些道理，決定不再迷失，而是要做一個堅持自己的人。

怡彤老師說 ·······························

面對忙忙碌碌的職場生活，我們需要做的事情很多，但是我們可以選擇我們的生活態度，透過主動、樂觀去改變被動、消極，迎接我們生活中的正能量，用正能量去破解一切生活、工作難題。很多人自以為得到的幸福是真正的嗎？我們來看這樣一組鏡頭：

鏡頭一：

女友 A 是個典型的職業女性，最近上司找她談話有意為她升遷。但隨之而來的是更大的工作密度和壓力。而她結婚兩年多，一直準備要孩子，可是總是「忙忙忙」。到底是要事業還是要孩子，正在糾結。

女友 B 是個快樂單身族，黃金剩女，雖然單身卻不乏追求，剛剛跟 X 號男友從巴黎度假回來，正為大家講巴黎女人的生活。

女友 C 是家庭主婦，剛剛生完孩子，辭職在家相夫教子一年多。朋友們談論的工作和旅行的話題顯然都離她很遙遠了，

她沒有新鮮話題可以跟朋友們分享。於是，她只好拿出手機，給朋友們秀自己寶寶的照片。寶寶長得白白胖胖，大眼睛小嘴巴，朋友們讚不絕口。

聚會臨終，女友 C 的電話不斷響起，對方傳來稚嫩的聲音：「媽媽，回家。」女友 C 坐不住了，提前結束了聚會。

女友 A 被老公接走。女友 B 則在想接下來跟哪個男友約會。

鏡頭二：

女友 A 坐在車上，對老公說：「小 C 家的寶寶好可愛，我多想生一個那麼漂亮的寶寶啊！她真是個幸福的媽媽。小 B 剛剛跟男友度假回來，唉，我都已經多長時間沒有好好休過假了。我真羨慕她，太幸福了。」

鏡頭三：

女友 C 回到家裡抱著寶寶對老公感慨：「我在家裡這麼久，跟朋友們都沒有話題了，沒有自己的事業，也沒有自己的空間。小 A 又要升遷了，她真是個女強人。小 B 一有假期就可以海外度假，我卻連這個城市都出不去。老公，她們真幸福，我好可憐呀。」

鏡頭四：

女友 B 打了一圈電話，沒有約到男伴，孤獨地一個人回家。「我多想這個房間裡有個愛我的男人牽掛著我，接我回家，

有可愛的寶寶讓我牽掛。那有多踏實多幸福呀。」她對著清冷的檯燈自言自語。

鏡頭是我們觀察這個世界的第三隻眼睛，如果故事中的三個女主角都能走到鏡頭前，看看另外兩個鏡頭裡，自己在朋友的眼中是個多麼幸福的人，或許她們會更幸福更快樂。

假面 1：別人都比自己幸福

在很多人的眼中，上帝從來都是不公平的。上帝沒有給自己美麗的容顏，沒有給自己魔鬼般的身材，沒有安排「高富帥」以及「白富美」與自己相遇，而且偏偏身邊就是有這樣的幸運兒，什麼都有，相比之下，自己是多麼的不幸。所以我們生活中經常會出現這樣的對話：

「你看你多好，工作清閒，沒有壓力，時間充足還可以享受天倫之樂。」

「好什麼好呀，我有什麼好的？上班無所事事地在那兒等著下班，回家就是柴米油鹽醬醋茶。薪資低，想買什麼都得算計，哪兒有你好，公司好待遇高，想要什麼就可以買什麼⋯⋯」

總是去羨慕別人，覺得別人都比自己幸福，越是比較越是悲觀，越覺得自己是不幸福的。事實上，這是人的一種無主體感的表現。

每個人的存在都有自己的價值，每個人都應該意識到，自

己是自己的主人。可是，通常情況下，我們意識不到這一點。當遇到一些事情發生時，不是把責任的矛頭指向自己，而是指向外界：你看我就是這麼不幸的，為什麼這種倒楣的事不會發生在別人身上。於是，迷失了自我，看不到自己的價值，而去盲目地羨慕別人。

假面 2：別人得到的我總是得不到

人都是有欲望的，而且欲望是無止境的。擁有一件東西之後，又會渴望得到第二件。如果未能得到就會心存遺憾，繼而加倍關注。但是在生活中，總有一些東西是別人有而自己沒有的，這個時候，我們就會不由自主地去關注自己沒有得到的東西而忽略了自己擁有的恰恰也是別人沒有得到的東西。

就是這樣，對欲望的渴求讓大家彼此羨慕，甚至暗暗抱怨，消極地認為別人都比自己幸福。

有一個原理叫資訊不對稱，這個原理應用到心理學，是指我們無法全面地掌握別人的訊息，而只知道自己的一些東西，這樣便沒辦法透過科學的比較得出結論。

我們都很了解自己為了得到現在擁有的東西付出過怎樣的努力，但別人付出的努力，我們不可能完全了解。因此，在我們看來，別人得到的東西都輕而易舉，而自己卻要這麼艱難，這不是自己的不幸是什麼？

殊不知，被你羨慕的人也正這麼想。你得到的東西那麼容易，自己想得到為什麼如此艱難。如果大家跳出自己的視野就能了解事情真相，那在自己抱怨沮喪的時候，不如跳到鏡頭後面，用第三隻眼看一看別人的幸福，你就會有新的發現。

如果我們想改變這樣的心理狀態，如何做呢？

▌1. 接納自己

網路上有一句話很流行：不懂得愛自己，就不懂得去愛別人。一個人只有懂得愛自己，對自己負責，才可能去愛別人、體諒別人，理解別人的艱難和不易。而不懂得去愛的人，永遠看不到別人的痛苦，永遠覺得別人比自己過得好。更甚者有時會嫉妒別人，看到別人快樂，心理上就會產生不平衡。

要想自己幸福快樂，首先要接納自己。接納自己是一種自信，清楚自己哪裡好，哪裡不好，坦然面對，然後努力改變，幸福生活就是這樣創造出來的。沒有充足的自信心去接納自己的人，看不清自己有什麼，沒有什麼，就像沒有動力的風箏，只能跟隨著風漫天飄蕩，沒有自己的方向和目標。看不清真實的自我，無休止的不滿足感和煩惱便紛至沓來。因為如果不能很好地接納和肯定自己，看到的都是自己不理想的地方，於是就用自己的缺點與別人的優點相比，這樣的結果怎麼可能令人愉快呢？

▌2. 多給他人正面能量

如果你羨慕就發自真心地讚美，並給予祝福。如果你同情就發自內心地去幫助，並給予鼓勵。培根說：「欣賞者心中有朝霞、露珠和常年盛開的花朵；漠視者冰結心城，四海枯竭，叢山荒蕪。」

身邊的朋友、同事，當他們擁有了你不曾擁有的東西時，去表達自己的羨慕，提醒他珍惜自己的擁有。如果身邊的朋友、同事，當他們同樣向你表示自己的羨慕，並為自己不曾擁有的東西感慨、焦灼甚至苦悶時，請給予鼓勵，告訴他自己擁有這些付出了多少艱辛，如果他努力，同樣會擁有，給別人平衡和希望。

沙漏，一點一點地讓沙落下

桌上一個沙漏，背著陽光，我看到沙漏裡的沙子一粒一粒往下落，漸漸堆成小山，沒一會兒沙漏就漏光了。我拿起沙漏使勁搖晃了幾下，又把沙漏翻過來重新放在桌子上，沙漏依舊和剛才一樣，一粒一粒的沙子落下去，慢慢堆積成小山。

我對著電腦下面的一堆便利貼，愁上心頭。我想：要是這些便利貼上的工作也能像沙漏裡的沙子一樣，流下去就永遠不

要再來打擾我了。

「妳那個廣告修改意見什麼時候能交？」老王有些著急了。

「我手上的這個企劃還要修改，要不然我明天上午交吧？」我心裡很煩躁，怎麼會有這麼多事等自己來做啊？

「明天？明天十五號，妳忘了？我們要去電子展場勘，總公司的人十六號就到香港啦！」老王驚訝地看著我，似乎在想：這個人在想什麼呢？這時候還在搞不清楚狀況。

「那我今天加班吧！」我無奈地說，其實我已經非常累了，昨天加班到晚上十點多，本來打算今天晚上早點回家睡個美容覺的，現在看來又泡湯了。

老王剛離開，視窗就彈出了凱莉的召喚。

「能幫個忙嗎？」凱莉發了好幾個作揖的表情。

我有氣無力地在鍵盤上敲下：「什麼事啊？我在忙呢，好多事沒做完！」

凱莉還是沒有放過我：「我有個檔案急著修改，妳知道的，我對文字內容不敏感，要不然老師您幫我指點指點？」

我真的很想說不，可是我知道，凱莉確實對文字不敏感，如果不幫她，她很可能滿篇錯別字。我看看自己手上的工作，我真不知道該怎麼擠出時間來幫凱莉改檔案。

我很無奈：「妳的急不急啊？我手上好幾件事沒有做完呢。」

「當然急呀，下班前就要交給老王，不然我也不會著急找妳幫我改了。要不然這樣吧，妳有沒有什麼工作我能做的？我跟妳換？」凱莉明顯不想放棄。

我看了看自己的工作安排，確定沒有能和凱莉交換的工作。

我內心掙扎了一下：「沒關係，妳傳檔案給我吧，我邊寫廣告修改意見，邊幫妳修改，看下班前能不能都處理好。」

我一會兒看看廣告商給的宣傳冊子，一會兒看看凱莉的檔案，桌上的沙漏早就漏完了沙子，一動不動地蹲在鍵盤旁邊，可我沒時間搭理它。

離下班還有半個小時，凱莉的頭像閃動個不停，我只好不耐煩地點開。

「妳改好了沒有啊？老王在問我了！」

我回：「老王問什麼？」

凱莉說：「他問我是否確定今天能交。」

我仰起頭，轉了轉脖子，一臉疲憊。這才注意到現在離下班只有半個小時了。我專心地看凱莉的檔案，沒一會兒，我就將凱莉的檔案改好了。快下班的時候，老王叫凱莉過去一趟。

「凱莉，這個檔案怎麼回事？這麼多錯別字。」老王指著電腦螢幕說，眼睛也沒有看凱莉。

　　凱莉低著頭，斜著眼看我。凱莉一臉窘態，只好低頭求饒：「老王，不好意思，我做得太匆忙了。要不然，等下加班改好後發給你？」

　　老王也沒有說話，點點頭，示意凱莉回自己的座位上。

　　凱莉說：「女神，妳不能這樣折磨我呀，我們上輩子肯定是冤家！」

　　我有些無奈，什麼話也回答不了，默默地關掉了視窗。

　　我也不想發生這樣的事，可是三心二意的，又那麼緊急，自然容易出錯。下班後，同事們都陸續離開了，辦公室只剩下凱莉和我。沒過多久，凱莉的事也忙完了，來到我旁邊的座位坐下，要等我一起下班，可雙方都有點尷尬。

　　凱莉看見我桌上有個可愛的沙漏，便拿起來在手裡擺弄著。我心煩意亂地對凱莉說：「哎呀，妳不要動來動去打亂我思路好不好。」

　　我回過神，看著滿螢幕的檔案。在學校的時候，我就養成了這樣的壞習慣，看一下看語文，看一下看數學。這樣的學習方法其實不錯，不斷地切換不同的科目，能保證自己不對課本失去興趣。

　　這樣的習慣用在工作中卻不靈光了，於是我強迫自己每完成一件事再做另一件事，盡量避免同時進行兩件或更多件事。

就像沙漏一樣，讓沙子一粒一粒地透過細長的閘口，如果每粒沙都擠著要在同一時間透過閘口，沙漏肯定辦不到。

怡彤老師說 ....

　　工作中難免會遇到事情很多的時候，彷彿每件事都要在同一時間完成，職場新人會覺得自己分身乏術。主管又在追問工作進度了，可是你還是只能敷衍幾句，因為工作進度實在羞於示人。長此以往，只會讓主管認為你是一個執行力差的人。

　　分工，是人類社會的重要發明，也是人類的重要進步。大至企業小至家庭，成員之間都有明確的分工，以確保各種事情得以順利完成。分工明確是職場的生命線，不要以為自己是鋼鐵俠，可以同時拯救多個人。當然，相互幫忙是團結精神的展現，也是盡責的心態。但是，盡責必須是在力所能及的基礎上才能進行，不然會導致「心有餘而力不足」的狀況。

　　如何合理安排自己的工作，讓自己的工作有條不紊呢？美國管理學者彼得・杜拉克（P‧F‧Drucker）認為，有效的時間管理主要是記錄自己的時間，認清時間耗在什麼地方；管理自己的時間，設法減少非生產性工作的時間；集中自己的時間，由零星而集中，成為連續性的時間段。我在多年的工作中已經養成了幾個習慣，與大家分享一下：

第一，凡事要做計畫

關於計畫，有日計畫、週計畫、月計畫、季度計畫、年度計畫。時間管理的重點是待辦清單、日計畫、週計畫、月計畫。

待辦清單	將你每天要做的工作事先列出清單，排出優先順序，確認完成時間，以凸顯出重點工作。要避免遺忘就要避免半途而廢，盡可能做到今日是今日畢。
待辦事項	非日常工作、特殊事項、進行中的工作、昨日未完成事項等等。
待辦清單注意事項	每天在固定時間制定待辦清單（一上班就做），並且只做一張待辦清單，每完成一項工作就去掉一項，待辦清單要為了應付緊急情況預留時間，最關鍵的一項是要每天堅持；每年年末做出下個年度的工作規劃；每季季末做出下季末工作規劃；每月月底做出下月工作計畫；每週週末做出下週工作計畫。

第二，區分事情的輕重緩急

著名管理學家柯維（Stephen Richards Covey）提出了一個時間管理的理論，把工作按照重要和緊急兩個不同的角度進行劃分，基本上可以分為四個「象限」：

既緊急又重要（如人事危機、客戶投訴、即將到期的任務、財務危機等）

重要但不緊急（如建立人際關係、新的機會、人員培訓、制定防範措施等）

緊急但不重要（如來訪電話、不速之客、行政檢查、主管部門會議等）既不緊急也不重要（如客套的閒談、無聊的信件、個人的愛好等）

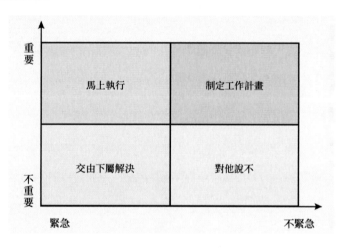

時間管理理論的一個重要觀點，是把主要的精力和時間集中地放在處理那些重要但不緊急的工作上，這樣可以做到未雨綢繆，防患於未然。在日常工作中，人們很多時候有機會去很好地計劃和完成一件事，但常常卻又沒有及時去做。隨著時間的推移，造成工作品質的下降。因此，把主要的精力有重點地放在重要但不緊急這個「象限」的事務上是必要的。要把精力主要放在重要但不緊急的事務處理上，需要很好地安排時間。一個好的方法是建立預約。建立了預約，自己的時間才不會被別人占據，從而有效地展開工作。

如何區別重要與不重要的事情？

1. 會影響群體利益的事情為重要的事情

2. 上級關注的事情為重要的事情

3. 會影響績效考核的事情為重要的事情

4. 對企業和個人而言價值重大的事情為重要事情（價值重大包括金額和性質兩方面）

該時間管理方法常常如下圖表示：

1. 重要和緊急的事情立即就做

2. 不重要不緊急的事情不做

3. 重要但不緊急的事情平時多做（因為這是第二象限，常常被稱為第二象限工作法）；

4. 緊急但不重要的事情選擇做

　　每一項新工作分配下來的時候，不要慌慌忙忙地著手開始，先理清楚工作思路，安排好合適的時間段，集中攻克。不要像我那樣，同時進行好幾項工作。我們都是凡人，只要不是認為自己有超人的智慧，就不要挑戰自己的極限，有時候做個循規蹈矩的人也並不是什麼壞事。更不要因為前一步遇到困難就想著跳過，正面迎接才是積極的職場心理。

　　請記住：工作期限永遠都設在上司安排的時間期限之前，不要等上司問起了才開始做，因為只要去做，永遠不晚。

第七章
在職場上不只要成功，更要有所成長

不自覺闖的禍

總公司的大 Boss 離開香港沒幾天，彭佳的升遷通知就下來了，彭佳出任行政部副總監。雖然仍然是副職，但是行政部以後不用再向陳力生報告了，直接向賈斯汀報告。

「妳有沒有覺得陳力生把基本薪資降低帶來的影響很不好呀？」人力資源部經理傅江龍低聲對我說道。

傅江龍差不多四十歲了，他原本也算是個難能可貴的人才，三十出頭就做到某分公司人力資源部副經理，可是不知道什麼原因，卻一直在副經理一職上做了七八年，要不是調到香港分公司做經理，還不知道要在副經理的位置上熬多久。大家背地裡都叫傅江龍是「傅經理」，其實是諷刺他是「副經理」。

我對傅江龍的印象極為深刻。有一次部門內部開會，傅江龍遲到了，周圍遠離陳力生的座位都被坐了，只剩下我旁邊靠近陳力生的地方有一個位置，傅江龍也只好硬著頭皮坐了下來。

「這次裁員計畫公司暫時還沒有公開，你們最好把嘴給我封緊了。」這是陳力生的開場白。

「又來這套，我們就是漢堡中間的肉餅……」傅江龍小聲嘀咕。傅江龍的這種嘀咕非常有意思，聲音大小剛好是周圍兩三個人能聽見的程度，我驚訝地瞄了一眼傅江龍。

陳力生臉上蒙上了一層冷冰冰的憤怒，問傅江龍道：「傅經理，你有什麼意見嗎？」

傅江龍趕緊說：「啊？什麼？……沒，沒意見啊……」

「沒意見，就認真聽我講，有意見就上來講。」陳力生瞪了他一眼，又接著講：「這裡有一份上面發下來的裁員要求，你們傳閱一下，只需要心中有數就可以了，這份檔案不可以複印。」

「人力資源部就是公司的殺人刀，公司指哪我們就要殺哪，一點都不代表員工利益……」傅江龍又嘀咕起來，不過這次說話聲明顯小了一些。陳力生大概也沒有注意聽，但是我倒是聽得很清楚。我心裡想，可能是傅江龍討厭陳力生吧，所以陳力生說一句他就要頂一句。

有了一次教訓，我在開會時再沒有在傅江龍附近坐過。但是每次主管在上面講話的時候，我有意無意地用眼神掃過傅江龍的臉，總能看到他嘴巴一張一合在說些什麼。有時候並不是陳力生開會，也可以看到傅江龍在小聲嘀咕。我這才明白，他並不是針對陳力生，他完全就是有這個習慣。他這種行為習慣並不是針對某一個人，而是針對某一類人。只要面對權威的上司，他都會有這樣的表現，這讓他的人際關係非常糟糕。

我想起自己小學的時候，成績不是班上最頂尖的，所以並不受特別的關注。每次老師提問的時候，我即使知道答案，也

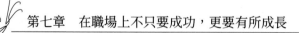

羞於舉手，但是我會在下面小聲嘀咕答案。我那時候是非常渴望得到老師關注的，但是我又很害羞，所以只好用這種辦法，企圖老師聽到自己的答案之後讚揚自己。但是長大以後我才知道，小聲嘀咕，即使自己答對了，老師也不會知道。而且往往因為擾亂了課堂秩序引起老師的反感，初中之後我才開始慢慢改掉這種習慣。

「妳有在聽嗎？」傅江龍把我拉回現實。

我說：「哦，有。」

傅江龍問：「那妳覺得陳力生這樣做好不好？」

我看了看傅江龍，最後我還是決定說出對傅江龍的一些看法：「傅經理，你是一個在人力資源職位上工作了十幾年的老員工。你的意見肯定是基於你豐富的經驗，我還是一個年輕人，不評價誰是誰非。但是我覺得，如果你能把你的意見當面告訴陳力生，肯定比私底下偷偷告訴我好很多……」

傅江龍還沒有聽完就打斷了我的話：「對，我知道我應該去提意見，可是陳力生那個人你又不是不知道，他哪裡聽得進去別人的意見啊……」傅江龍越說越小聲，邊嘀咕邊走開了。我看著他搖了搖頭，嘆了口氣，在心裡想：失敗的是人，肯定不是事。

我看著傅江龍離去的背影，感慨萬千。傅江龍在公司沒什麼朋友，他不清楚自己的行為習慣給人際關係帶來多大的影

響，大家在開會的時候都不願意坐他附近，就是因為怕主管誤會是鄰座的人在和他討論，怕被他牽連。同事們私底下都提防著傅江龍，以免受到傅江龍攻擊上司、評價上司等行為的牽連。大家都明白，傅江龍在上司的眼裡，就是一個不折不扣的刁民，仗著自己有幾分能力就頂撞上司，難怪他一直是「傅經理」。

我並沒有多餘的精力去管傅江龍，我埋頭繼續在自己的工作裡。之前分公司的薪資是照著總公司的規矩，施行後才發現並不適合香港分公司，所以分公司決定改變員工的薪資，以便能更好地激勵員工。

怡彤老師說 ....

傅江龍無意識的情緒和習慣是導致其人際關係緊張的直接原因。其實，傅江龍是個能力強、工作經驗豐富的職員，如果不是因為他這個壞習慣，說不定早就是陳力生「第二」了。

那什麼是無意識和職場無意識呢？

我用心理學原理介紹一下。我們認為，無意識就是個體沒有意識的心理過程、心理活動和心理狀態的總和。簡單地說，無意識是「未被意識到」的意識，如無意感知、無意記憶、無意表象、無意想像、無意注意、非口語思維和無意體驗等。

職場無意識是指由職場的外部環境自動誘導員工個體做出某

種特定的行為的過程，並且這種自動誘導的過程無法被個體所內省。職場無意識具有自發性、隱蔽性、非邏輯性和穩定性特點。

我曾用心理學原理找到導致傅江龍行為模式的答案，職場中的人際關係正是兒童時期家庭關係的縮影。童年時期，父母總喜歡在孩子面前樹立起一種權威形象，孩子長期生活在這種環境中，無形中便會對權威的父母產生一種抗拒的、逃避的無意識習慣，成年後便會無意識地把童年對父母的感情轉移到同事和主管身上。

我知道，傅江龍這個壞毛病其實是無意識惹的禍。在職場，上司代表一種權威、指導性的身分，就像家庭中的家長的身分。傅江龍在工作中將無意識的情感習慣投射到主管身上，對主管產生一種抗拒、不服從的心理無意識，產生了一些不良的行為，從而導致人際關係緊張的局面。

傅江龍之所以會產生這種無意識的心理，原因非常多。導致無意識心理的原因，我總結如下：

▌1. 認知嚴重偏差：非黑即白

眾所周知，我們每個人在兒童早期成長過程中便形成一套內在的、穩定的價值評價系統。當我們面對外界的事物時，評價系統便會自動地、無意識地做出評價的過程。如果主體活動的結果滿足了主體潛在的需要，符合無意識的價值標準，主體

內心可能達到某種滿意的愉悅；反之，如果主體活動的結果不符合意識的價值標準，主體內心可能出現某種不快甚至憂慮。

正是透過這種不可名狀的愉悅和憂慮實現無意識的評價，並在此基礎上影響下一活動的有意識和無意識選擇，導致認知出現偏差，判斷標準是非黑即白。無意識的評價功能無形中影響了員工的價值判斷，當職場出現不符合無意識的價值標準時，會產生抱怨、焦慮、工作消極的衝突行為。

■ 2. 工作思維方式、行為習慣固定

由於無意識不受自覺的理性控制，缺乏目的性，也不受情感、意志等心理因素的干擾，一旦形成某種無意識狀態，便具有一定的慣性，不像自覺的意識那樣容易發生變化，因此，無意識比意識要穩定、持久得多，甚至抑制意識活動的變化。個體無意識具有穩定性，在個體長期的生活當中，形成了個體特有的、穩定的工作思維模式，行為習慣。當職場中常常面對的變化因素，與個體固有的模式產生不協調時，造成職場上的衝突行為，表現主要有頂撞上司、工作效率低、不願接受某項工作等行為。

■ 3. 無意識的非理性、非邏輯

無意識具有非理性、非邏輯性等特徵，意識活動具有理性、邏輯性等特徵。與意識活動相反，無意識不受自覺意識的理性邏輯規律的制約，超越於邏輯思維結構之外，是無固定秩序

和操作步驟的心理形式。無意識沒有固定的反映對象，也沒有明確的目的，它甚至不需要語言，因此它既不受具體對象的約束，也不為人的目的所控制。

缺乏意識的人如果想嘗試控制改變這種行為習慣，會發現難以改變。改變某種無意識習慣不單要關注某些行為模式的改變，更要關注個人的內隱的無意識層面轉化。

我再介紹一下職場無意識衝突管理的改變方法。長期以來，防範職場衝突方式大多注重於客觀因素和外在因素，而忽略人的心理因素，常常覺把問題表面化、簡單化，而忽略的個人無意識層面的影響。無意識是主體意識不到的、不自覺的，主體無法把握和控制它。所以，改變員工的無意識行為習慣，沒有直接的、有效的途徑，只有靠主體長期修養才能逐步實現。

1. 樹立心理防範觀念，營造自我調節心理

職場人士應逐步樹立職場無意識衝突防範觀念，要經常從個體的無意識心理這一獨特的角度分析職場中衝突的行為原因，自覺掌握職場衝突行為和人的心理之間的內在聯繫，矯正自我心態上的偏差，穩定心態、整理情緒、調節失衡心理、掌控自己的情緒，培養自我良好的職業素養和敬業的精神。只有先從個人意識層面上改變某些無意識思維模式，才能改變某種可能會導致職場衝突的行為習慣。

2. 實施正確培訓，培養員工良好的職業素養

透過引進相關的員工培訓專案，進行心理教育，塑造積極、愉快的心態。心態調適和訓練的方向就是心態積極、平衡，保持愉快的心境。透過學習心理知識，調整、改變和駕馭自己的心態，避開心理失誤，以積極的心態應對人生的一切艱難險阻，激發人的上進心和責任感，增強個人的自控意識，真正做到防患於未然，從而改變人生的現狀，創造嶄新的生活。

3. 加強企業文化建設，塑造健康職業心理

管理者要抓好企業的文化建設，透過企業環境、氛圍潛移默化地影響員工的人生觀、價值觀、審美觀和行為方式。眾所周知，環境對人的影響是潛移默化的。良好的環境有助於形成企業內部的正確輿論和內聚力；有助於提高人感受美、鑑賞美、評價美的能力；能夠促進人的身心健康發展；能夠約束人的言行，使之變得規範。透過加強企業文化建設，啟發和引導員工去實現自身的社會價值，激發員工的集體歸屬感、自尊感、榮譽感，激勵奮發向上、有所建樹的事業心和敬業精神，營造積極向上的心理環境。

撒下快樂工作的種子

「週末舞會、環島單車比賽、野外拓展訓練又是這些老生常談，你們就不能提出點新想法來嗎？」中環的喧囂被玻璃擋在窗外，陳力生和人力資源部的同事們在會議室裡商討一些工作事宜。

原來這是上面下達的新任務，針對銷售部制定一個新的培訓計畫，旨在減少銷售部門員工的壓力。陳力生把任務分配下來，讓每人想出一個企劃，最後擇優而定，但是從目前的情況來看，陳力生還沒有看上任何一個企劃。

「傅江龍，說說你的建議？」看到傅江龍的躁動，陳力生索性先問他。

「嗯……關於減壓的企劃我們以前做過很多，無非是讓員工快樂的工作嘛，快樂工作……快樂工作，可以多舉辦一些表演、拓展訓練，如果大家覺得不夠有新意，那就多發掘新鮮一點的活動內容！」

說完之後，傅江龍偷偷掃了一眼陳力生，而陳力生則面無表情。

「你說說看！」陳力生翻著我的企劃，表現出期待的眼神。

我說：「我認為，快樂工作、減少工作壓力，舉辦各種活動真的不失為好方法。可是，我們已經舉辦過各式各樣的活動，

想要在活動內容上有所創新，還是比較困難，我們不妨試一試從方向上做一個改變。舉辦活動固然是好，可是活動一結束，回歸到工作中，該有壓力的還是有壓力，該有倦怠的還是倦怠。所以，舉辦活動並不能解決根本問題，如果能想出辦法讓員工在工作中真正找到快樂的感覺，那就太好了！」

陳力生點點頭：「我知道你們的意思，是不是覺得快樂和工作無法共融？快樂的時候快樂，工作的時候本來就該符合常規，但我確實是想做一個能把工作和快樂聯繫在一起的培訓。散會，你們回去仔細思考一下吧。」

散會之後，我一直在思考，怎麼樣把工作和快樂聯繫在一起。工作中的不快樂來自於工作壓力，壓力減少又會失去有效動力，能不能在壓力和動力之間找到有效平衡點？或者，我們可以在團隊中讓大家找到快樂工作的理由？剛想到這，陳力生突然從後面追上來，「妳在大方向上是正確的，再好好想想舉辦娛樂活動和工作的區別，可以引入一些正能量的內容。」說完，陳力生大步回到自己辦公室。

我恍然大悟，在娛樂活動中，同事們因沒有工作壓力的束縛，會在活動中激發出自我的興奮感。當回到工作中，這種娛樂過程中的興奮感迅速消失，甚至還帶著活動後的疲倦回到工作中，工作壓力反而驟然增大。如果能把興奮感的種子種植到大家心裡，並在積極的團隊氛圍中發芽、成長，快樂就有可能

長久地維持在工作中，這不就可以實現「快樂無壓力工作」嗎？

我獲得了工作靈感，開啟電腦，把片刻間形成的想法制定成一系列的培訓方案。同時，整個方案在執行的過程中擁有一個強力團隊的支持，陳力生以及公司高層都很滿意並配合我的方案，培訓工作緊鑼密鼓地展開。

付出往往與收穫成正比，培訓效果非常令人滿意。以前，銷售部的同事總是埋怨休息時間不夠，睡眠不好，工作中總是焦慮、慌亂。透過「心流感」減壓培訓之後，這些問題都得到了一定緩解。

怡彤老師說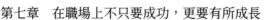

在日益華美精緻的外表下，越來越多的現代人掩飾不住內心的迷離委頓，開始出現「煩」、「沒動力」、「懶得管」等都市口頭禪，很多人更是將精力和熱情全部付諸網路的虛擬空間或者酒吧，於是「低頭族」、「宅男宅女」不斷出現。其實，這些玩家背後都是無所歸依的落寞與恐懼。

我們追逐物質的快感，但卻感覺精神失落。我們不願回憶過去，更不敢憧憬未來。工作壓力始終揮之不去，只有愈來愈深的迷惘……我們如果往下深深思考，可能越來越害怕，害怕有一天自己也會在「物質」中迷失，人要想盡辦法去減少心理壓力，讓自己在工作中也可以得到精神的快感。

有些人的工作壓力來自於工作情況複雜多變，沒有一成不變的工作模式，時刻要面對來自各方面的挑戰。具體來說，外在的高水準挑戰和個體的高技能水準相結合時會使個體產生心流（Flow）體驗；外在的低挑戰水準和個體的低技能水準相結合時則會出現冷漠（Apathy）體驗；外在低挑戰水準和個體的高技能水準相結合時會感到厭煩（Boredom）；外在的高挑戰水準和個體的低技能水準相結合時會產生焦慮（Anxiety）。可見，高挑戰和高技能匹配，才能出現心流感。

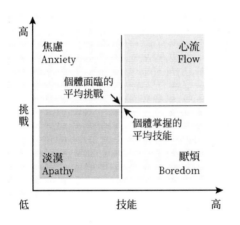

積極心理學的研究發現，壓力不是一個單純的消極變數，當工作挑戰難度和所掌握的技能產生平衡的時候，壓力是促進工作的積極變數，也就是我們說的動力。當挑戰與技能發生失衡——挑戰性太高，技能達不到，才會產生恐懼、厭惡、冷

漠、焦慮、妒忌、慌亂等一些消極體驗，就是我們說的因壓力而產生的負面情緒。

在不斷探索的過程中，我發現，一種類似於馬斯洛「高峰經驗」的「心流感」，也就是心流體驗，能夠解決「讓員工快樂工作」的問題。這一理念是由著名積極心理學家奇克森特米哈伊（Mihaly Csikszentmihalyi）提出來的。作為一種最佳體驗，在工作中，心流感至少具備以下五方面的特徵：

- 具有挑戰性，技能水準相平衡
- 高度投入，忘我和忘卻時間
- 目標明確
- 即時回饋
- 可控感強

我們發現，心流體驗的產生有利於激發內在動力、調動積極情緒、提高個體的愉悅感和滿足感，有利於個體自我實現，是實現目標的有效動力。

快樂是很重要的積極情緒，它能形成一股巨大的力量，促進員工全身心投入工作，產生對工作的熱愛，把企業意志轉化為員工自覺的行動。積極心理學有一個重大的發現，如果人們的思維在一半時間裡都是遊離的，這將會導致情緒低落，工作中走神除了會降低生產力以外，更會讓員工感受到不快樂，壓力感增強。

要獲得心流感，必須要投入。高度投入代表了忘記時間（時間體驗失真）和忘我（忘記飢餓、疲勞感，自我主體淡化，工作一體感強）；低度投入代表了時間感明顯（總希望盡快下班，脫離工作場合）和容易產生疲勞、焦慮、工作抽離的感受。

現在的都市人，「壓力＋焦慮」是大家最能產生共鳴的心理經驗。壓力產生焦慮，焦慮又刺激壓力。「壓力＋焦慮」充斥著現代社會的各個角落，職場則是「壓力＋焦慮」的爆發場。

怎樣才能在工作中獲得幸福感呢？每個人進入職場的目的不同，有人在職場中可以獲得生活所需的收入，也可以獲得足夠的尊重，甚至還可以成就事業，這都是幸福的展現。幸福是企業員工所需要的，也是企業想看到的，想獲得心流需要我們反覆練習。快樂工作是獲得幸福感的主要前提，以下是快樂工作的一些必需條件：

- 選擇你喜歡的工作

- 選擇一項重要的工作

- 找個安靜的、你在最佳狀態的時間

- 排除干擾

- 學會盡可能長時間的專注於這樣的工作

- 體驗樂趣

- 收穫回報

　　職場中的壓力和焦慮主要來自哪些方面？並不是這個時代產生了焦慮，而是處在這個時代的人們對社會發展和變化缺乏思想準備和適應能力導致的。那麼，面對焦慮與不安，我們可以做些什麼呢？我建議透過有效行動，盡最大可能去掌握那些對我們來說至關重要的東西。積極專注投入。積極心理學研究指出專注分為被動專注和主動專注。

　　例如，看精采的球賽，這對觀眾而言是被動專注，也會產生心流感。而一個熱愛看球賽的觀眾下場親身體驗比賽，這對觀眾而言是主動專注，所產生的心流比前者要大得多。在工作中增加員工心流感的比例，如給予員工對自己工作某些環節設計的主控權和意義感，讓其尋找創新和學習的機會，建立能給自己帶來活力的關係，當然適度的休息也是非常重要的。

在成熟的內心邊界

　　每個職場人或許在每個階段都會陷入莫名其妙的「不爽」狀態中，如何讓自己能夠保持穩定的情緒，我想很多人都想得到答案。

　　剛吃過午飯，我就被陳力生叫去跟一個剛提交了辭呈的員工做一番交流。我一到會議室，就覺得會議室的空氣有些凝

重。雖然此時會議室只有她和另外一個同事，可是我感覺都快呼吸不過來了。我剛剛翻開文件，還沒有開口，對方就已經先說了：「我知道你們的意思，我們部門的情況我也知道，你們現在一時半會兒要找個完全頂替我的人根本不可能，不過我去意已決，你們不用說服我了！」

對方開口閉口就是你們和我，我聽到這兩個界定關係的詞就覺得難過。自己明明和對方一樣不過是一個員工，可是同事們總是認為人力資源部的人就是老闆的「幫凶」。

在企業中，人力資源部的員工與他人有著雙重關係：一般同事關係以及人力資源管理者與人力資源的關係。雙重關係的結果是任何一種關係都能對另一種產生影響，而進人力資源部第一天起，陳力生就強調要我避免這種情況的發生。說起來容易，卻沒人知道，這需要耗費大量的精力，甚至容易出現情感衰竭的情況。

長期耗費大量精力和人接觸，很容易讓我對人產生厭倦情緒，但這是由自己的工作性質決定的，我只能硬著頭皮去做。然而，我對需要溝通的對象沒有以前那麼熱情，冷冰冰的，於是又有了去人格化的傾向。

為了淡化情感，我把一些情誼藏起來，按照流程去應付整個溝通過程。這樣做其實對於改變結果並沒有多大的益處。可

是我深知，人力資源管理的工作，很難做到有血有肉的同時又符合規範。在這種時候，人情往往抵不過規定，那也只好退而求其次地依照規定辦事了。我有時候在想，自己簡直就像一臺機器，在給別人冷冰冰的感覺之外，也凍上了自己。

我發現人力資源部員工的成就感很多時候來源於其他人，如面試者的微笑、內訓時學員的培訓效果。而現在，坐在我對面的同事彷彿一個刺蝟一樣。我知道，自己說什麼對方都已經想好了擊敗自己的方法，所以我在氣勢上就差了一大截。人力資源部員工服務對象表達的不滿很容易讓人力資源部員工產生挫敗感，所以我時常覺得成就感不是掌握在自己手裡，而是掌握在他人手裡。

我覺得自己完全就是夾心餅乾的餡兒，到哪兒都是被夾。其實，我希望自己能做的不只是幫助公司管理人力資源，還應該可以代表同事們取得員工應得的利益，自己應該是中間人的角色，而不應該是「餡兒」的角色。我低著頭，看著自己的腳尖，心裡像一團亂麻：「自己是不是真的不適合做這個工作？也太不小心了吧，這點小事都做不好！」我越想越不對勁，長期鍛鍊出來的不服輸、樂觀的精神又一次幫助了我。

我意識到自己的這種情緒，對工作非常不利。我趕緊各方面蒐集數據，瘋狂補習，終於我明白了自己的問題。這也是大部分職場菁英經常遇到的問題，特別是人力資源部的 HR 們常

患的一種病：職業倦怠。

我發現學一些心理學對自己在人力資源部的工作很有幫助。人力資源工作，無非就是和人打交道。提到與人相關的知識，就不得不提心理學。心理學是研究人心理現象發生、發展和活動規律的一門科學。科學的心理學不僅對心理現象進行描述，更重要的是對心理現象進行說明，以揭示其發生發展的規律。如果具備了解人心理的能力，摸透員工的內心，在員工的接受範圍和規定範圍內取得平衡，那就完全不是問題啦。其實自己的職業倦怠本身也是自己的心理問題。如果掌握了心理學，自己也能為自己制定緩解和治療職業倦怠的方法。

怡彤老師說 ···

我多年後回望，很是慶幸自己能在當時做出正確的做法 —— 攻讀心理學課程。系統地學習心理學之後，我對人有更多了解，讓我在日常生活中更好地完成工作。在具備了心理學的知識後我還可以對自己進行調適，在工作不順時有效地找出更好的解決方法。學習心理學對我來講是一舉兩得。

「職業倦怠症」又稱「職業枯竭症」，它是一種由工作引發的心理枯竭現象，是上班族在工作重壓之下感受到的身心俱疲、能量被耗盡的感覺。這種倦怠感和肉體的疲倦感不一樣，它的形成

是源於主體心理的疲乏。加拿大著名心理大師克麗絲汀‧馬斯勒（Christina Mashlac）將職業倦怠症患者稱之為「企業睡人」。

「職業倦怠」是一種由長期的、過度的壓力導致的情緒、精神和身體的疲勞狀態。工作中經常與人打交道的人群，最容易出現這種身心俱疲的狀態。心理學研究發現，職業倦怠通常表現為以下三個方面：

1. 情感衰竭：對工作喪失熱情，情緒煩躁、易怒，對前途感到無望，對周圍的人、事物漠不關心，沒有活力，總感覺自己處於極度疲勞的狀態

2. 去人格化：在自己和工作對象之間刻意保持一定的距離，對工作對象和環境採取冷漠、忽視的態度，對工作敷衍了事

3. 低成就感：對自己工作的意義和價值評價下降，常常遲到早退，甚至開始打算跳槽或轉行

從戰勝「職業倦怠症」我想起了一個詞「延遲滿足」，如果我們逆向思考這個話題，人就會遠離倦怠。

一個人的成就有多大，跟他能在多大程度上推遲現有欲望的滿足成正比。套用一句名言：成功的人大體都一樣，不成功的人各有各的原因。

這個「一樣」就是節制。人的天性裡都有懶惰，但一旦有了

目標，就必須要節制自己，不能偷懶。能夠克服這種天性的人就能有所成就，這也是我們所謂的自律能力。每個人在通往成功的路上都會遇到困難、挫折，也會遇到各種誘惑，能夠抵制誘惑，堅持到最後的人，就是成功的人。

而這種節制的能力是需要從小培養的，而且必須從小培養的。3歲前是培養孩子節制能力、自律能力的一個非常重要的時期，要培養這種能力就要從培養孩子的延遲滿足開始，能做到延遲滿足的孩子，就能慢慢地學做自己的主人，控制自己的行為，知道要用理智戰勝情感。

所謂延遲滿足，就是我們平常所說的「忍耐、節制」。為了追求更大的目標，獲得更大的享受，克制自己的欲望，放棄眼前的誘惑。但「延遲滿足」不是單純地讓孩子學會等待，也不是一味地壓制他們的欲望，它是一種克服當前的困難情境而力求獲得長遠利益的能力。如果延遲滿足能力發展不足，孩子容易性格急躁、缺乏耐心，進入青春期後，在社交中容易羞怯固執，遇到挫折容易心煩意亂，遇到壓力就退縮不前或不知所措。

能不能夠忍耐和長時間地等待，是孩子自制力強與弱的一種表現，因為生活中並非事事都遂人願。

不會克制自己的欲望已經成為城市孩子的通病。本想和孩子「鬥智鬥勇」，卻禁不住孩子哭鬧三分鐘就敗下陣來，乖乖滿

足孩子的要求。家長對於孩子這種有求必應的行為剝奪了孩子「自我控制能力」的鍛鍊機會。而「延遲滿足」的訓練可以幫孩子提高自我控制能力，學會等待、分享，更能抵抗挫折。

延遲滿足能力強的兒童，未來更容易擁有較強的社會競爭力、較高的工作和學習效率；具有較強的自信心，能更好地應付生活中的挫折、壓力和困難；在追求自己的目標時，更能抵制住即刻滿足的誘惑，而實現長遠的、更有價值的目標。

延遲滿足能力的培養要循序漸進，從易控制的事做起。在長達十多年的觀念傳遞之後，孩子就會把它內化為自身的一種素養。

對於職業倦怠的原因分析，心理學上還有個「心理舒適區」的說法，指的是一個人所表現的心理狀態和習慣性的行為模式，人會在這種狀態或模式中感到舒服、放鬆、穩定、能夠掌控、很有安全感。這個區域一旦被打破，人們就會感到彆扭、不舒服，或者不習慣。很多人穩定以後，一旦安於現狀、不思進取，就會極易成為職業倦怠的一員。習慣已久的心理舒適區被打破了，本讓他們遊刃有餘的職場，漸漸讓他們感到了壓力、疲倦、迷茫。改變吧，心有餘而力不足；不變吧，又怕長江後浪推前浪，人就進入了進退兩難的境地。

在職場中，有很多人對職業倦怠症往往故意視而不見，以

為可以像感冒一樣不治而癒。事實上，不找出真正原因，往往會讓自己愈來愈不快樂，嚴重的話也許會陷入難以自拔的憂鬱症中。要治療職業倦怠症，可以有以下幾種方法：

1. 職場上，主動跳出舒適區，進入學習區 —— 吸收更多更新的資訊，重新梳理現有的職業資本，找到新的「起點」，找到更能施展實力的舞臺，讓個人資本繼續發光發熱。生活上，不妨把專注於工作上的視線拉回享受生活中，發展 1 至 2 個與工作毫不相干的興趣與愛好，同樣能給自身帶來成就感與控制感的滿足，彌補在工作中未能達成的一些內心需求。

2. 換個角度，進行多元思考，「塞翁失馬，焉知非福」，在工作時可以這樣要求自己。在做一件事之前，我們都會因為未來的結果而動力十足。當開始行動之後，我就會開始嘗試改變想法，集中精力於手上的工作，這聽起來有點奇怪，或很難，但不久之後，就變得越來越簡單。轉變你的思維，當你在執行的時候，才會不至於把才開始的過程就投射到未來的結局。

3. 制定重新成長計畫，透過休假、運動等方式加強自身抵抗困難的能力。建立幽默感和人際關係網，重新挖掘自身優點。

陽光很溫暖

到人力資源部之後，我除了要應對求職面試，更多的時候，我也要面對離職面談。如果硬是要做一個比較的話，我更害怕離職面談一些。離職面談和求職面試不一樣，後者大家都是陌生人，很多話說起來也就沒那麼難，可前者是熟人甚至可能是朋友，話題很難展開。

我知道，HR 做離職面談的時候，最好的結果是挽留住寶貴的人才，即使留不住也要做到好聚好散。但是如果談壞了，就不只是再見尷尬那麼簡單了。

我的成長對於陳力生來說是最大的驕傲，他準備讓我單獨做一次離職面談，我顯得十分緊張。

「妳很緊張？」陳力生看出了我表情的變化。

「有一些，我怕自己處理不好。」我知道自己無法逃過職場菁英的眼睛。

陳力生又問：「交談內容和方向妳計劃好了嗎？拿來我看看，我幫妳把關。」陳力生雖然平時很嚴肅，有時候甚至有些苛刻，可是身為一個主管和經驗豐富的長輩，對我在工作上的幫助非常大。

陳力生很快看完我的計畫，表情略顯失望，「妳覺得妳列舉

的這些問題符合實際嗎？」陳力生邊說邊拿起一枝筆，在紙上打上幾個叉，他接著往下說：「如果 HR 只是在離職面談的時候問『你為什麼要離職？下一步你有什麼打算？』那麼離職員工連坦露心聲的可能都沒有，更別想人家會留下。」

俗話說，沒做過離職面談的 HR 不算 HR。身為 HR 工作的一個重要組成部分，離職面談無論對擬離職員工還是企業來說，都有非同小可的價值。畢竟我是第一次獨立完成這樣的事情，陳力生對他這個得力幹將還是充滿耐心和信心的。

「離職面談決定了離職員工對公司的印象，而企業可以透過離職面談了解自己管理營運上的不足。但是，離職面談卻不是一項容易完成的差事，你隨隨便便在網路上蒐集的問題，是不足以應付那些職場老員工的。我這裡有一份我以前做離職面談的計畫，妳拿去參考，重新擬個計畫吧。」陳力生顯然是有備而來，他在把事情交給我之前就已經做好最壞的打算了。

我拿著陳力生給的計畫，仔細地研究了起來。首先，有什麼方法可以讓員工在離職面談中感受到公司最後的陽光之餘，公司又能從員工身上獲取有用的改善管理的訊息呢？我在陳力生的計畫中看到了「峰終定律」這個詞，我趕緊開啟網頁，輸入了關鍵字。

「峰終定律」的提出者認為，人們對於體驗的記憶由兩個因素決定：

體驗高峰時的感覺和體驗結束時的感覺。對於一項事物的體驗，人們最能夠記住的是其高峰時的體驗和結束時的體驗，而其餘時刻的體驗以及體驗時間的長短，對於人們對這段體驗的記憶都沒有決定性的影響。

雖然我之前沒有獨立完成過離職面談，但我擁有一顆勇敢的心，具有事前先認真思考、探索的習慣。我自信、堅強，勇敢與深思總是喜歡和決斷為伍，我在得到陳力生的幫助後義無反顧。

員工的離職原因很多，只有兩點最真實，那就是錢和心，錢沒給夠，心裡受委屈了。歸根究底就是員工在企業做得不爽。其實，員工在臨走前還費盡心思找個可靠的理由，就是在給離職面談者留面子，不想當面說公司管理有多爛，他已失望透頂。

了解了這些，我一下子就明白了，離職面談就是員工在公司的「終點」，但離職面談還是很至關重要的，如果員工在離職面談時感受到了公司的尊重和誠意，那麼員工就會帶著對公司的美好回憶而離開。更有甚者，在離職面談時還有可能提供一些真實的個人感受，為公司改善管理體系提供寶貴意見。

我想明白了離職面談的來龍去脈，摸清楚了其中的竅門。我的工作就是為了讓離職者懷著善意離開，如果幸運的話還

可以從離職員工那裡為公司留下一筆寶貴財富。我不再束手無策，開始著手重新計劃自己要面對的離職面談。

首先，我把離職同事的一些基本情況做了重新了解。雖然之前也了解過，但都只是泛泛地翻閱了一下。這一次，我還私下和離職同事同一個部門的同事聊了聊，把離職同事平時的工作經歷以及表現等都認真的了解了一遍。

原本我準備開門見山的直接詢問離職同事離職的原因，然後在最後再問一些員工對於離職以後的打算的。但是經過陳力生的提醒之後，我決定放棄這個老舊的套路。我把離職員工的重要表現和突出成就都列了出來。我學會了峰終定律，先對離職同事給予高度的評價。

做好計畫之後，我再一次拿去給陳力生看。陳力生看了之後雖然沒有大加讚賞，但我從他的臉上看到了認同。最後，我做到了有備而來，依靠自己制定的計畫完美完成了自己的第一次離職面談。

怡彤老師說 ································

離職是一個比較正常的社會現象，當你在公司感覺不到快樂時，你選擇了離職；當你在公司得不到應有的回報時，你選擇了離職；當你在公司得不到更好的發展機會時，你選擇了離

職。對於 HR 來說，離職是一個永恆的話題，陪離職員工走完在公司的最後一步是他們工作的主要內容。

員工離職的最大心理因素是什麼？員工離職的主要原因是金錢和心，更具體地表現在以下幾個方面。在職場中，如果你即將離職，你是否有以下幾個方面的原因呢？

第一，薪資待遇低，不能滿足員工的期望

第二，工作環境、人文環境讓員工不願意繼續在這裡工作

第三，工作時間長、勞動強度大讓員工想離開公司

第四，公司內部存在不公平的環境，員工向心力不強

第五，員工發展遇到瓶頸，需要換個全新的環境

其實，員工離職的原因很多。如果換個工作能夠讓你更快樂、幸福，那麼離職會是一個非常好的選擇。

在進行員工離職面談的過程中，都需要做哪些方面的準備？

從雇主的角度而言，離職面談的主要目的是了解員工離職的原因，以促進公司不斷改進。同時，離職面談也是企業將離職人員的知識和經驗轉移給其接任者的一次機會。在離職面談中應該做哪些方面的準備呢？

第一，準備階段：在開始正式面談之前，HR 一般要了解清楚離職員工的入職時間、職位變遷經歷、主要工作表現等數據。

　　第二，鋪墊階段：選一個安靜而又不被打擾的房間，向員工回顧她／他在公司的工作經歷，重點突出員工在公司裡的重要表現和取得的成就，之後逐漸轉入離職面談的主題 —— 離職原因。

　　第三，正題階段：使用結構化訪談的方式，挖掘出員工提出離職的真正原因。

　　第四，結束階段：如果無法挽留員工，為她／他送上真誠的祝福，並且為員工日後的職業規劃提供建議。

第八章
謝謝你一路上的陪伴

溝通的重點是人心

「溝通」是為了人與人之間的相互理解和信任，每一次心靈的交流，都將打破心與心之間的隔閡，縮短心與心之間的距離。

在王威和陳力生的影響下，我對積極心理學產生極大的興趣，經常將其運用到人力資源管理中。積極的學習態度和嚴謹的工作作風使我一下子成為公司的「風雲人物。」

「妳剛下班啊！」我在電梯裡遇到市場部經理米娥。

「妳好，米經理！」我很熱情，這能反映出一種正能量。

「真羨慕你們人力資源部，每天都可以準時下班，工作輕鬆沒有那麼大壓力！」米娥邊說邊捏了捏自己的肩膀，彷彿剛卸下千斤重擔一樣。

我心想，妳只是沒看見我加班的時候而已，我只好苦笑地說：「米經理說笑了，妳還不是一樣嘛！」

米娥說：「哪裡一樣？今天是我這個月第一次準時下班，哎……我倒不是怕加班，身體再累我也能扛得住，可是這心裡不好受呀，家裡小孩老人都在等我呢！」米娥面色蠟黃，眼裡充滿血絲，看得出來她的確有很大壓力。

米娥對我說：「聽說妳最近在給銷售部弄什麼積極心理學培訓企劃，妳幫我看一下，是不是我的工作心理出現問題了，順

便也給我們部門解決一些現實問題！」

我有些為難，我並不是什麼心理醫生，只是針對工作的一些實際情況進行追蹤、調查研究，將一些日常心理學運用到工作中而已。米娥坐到部門經理的位置上肯定不容易，也肯定有她自己的獨到一面。「妳哪會有什麼毛病呀？就算真的有心理疾病，我也幫不上忙啊，要去找專業的醫生。不過，如果方便的話，我們不如一起吃晚飯吧？」我熱情地邀請米娥，其實心裡也是真的想幫一幫米娥這位令人敬佩的前輩。

經過一番交流，我的熱情使米娥開啟了話匣子：「你們做人力資源的，最善於理解人心，妳有沒有關於上下級之間溝通的書？我也借兩本，我都快被我那幫下屬折騰死了！」米娥一股腦地把自己的苦惱倒了出來。

米娥也是總公司調到分公司來的，工作經驗豐富，屬於典型的職場骨幹，而且工作認真嚴謹，得到歷屆上司的讚賞，是新上任的市場部經理。可最近米娥總感覺到像「被抽乾的枯井」，充滿著倦怠感。

米娥每天有大半的時間在為下屬撲火和救援，自己的事情則經常被耽擱。她也常常開團隊培訓會，告知大家業務的難點和要點。但是，她總對下屬的工作能力不放心，過度干預、過於苛刻，下屬們也常常以消極怠工來表示對其不滿，雙方關係緊張。

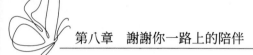

我聽了之後，由於對積極心理學有一定了解，於是有了自己的主意，說道：「原來是這樣的，其實在積極心理學研究中，積極的溝通才能帶來積極的關係。只有在下屬心中種下積極的種子，團隊中有了積極的基因，才會產生積極的結果。」

我開始和米娥解釋溝通中消極和積極的區別，米娥一直以來所使用的溝通手段都是「消極」溝通，因此才導致「消極」的結果。米娥平時在和下屬溝透過程中通常從問題出發，把缺點放大，用指責作為主要語調，她最需要學習一門新技術：發掘對方優勢，給予正面關注，注入正能量的種子。

就這樣，米娥用這樣的方法很快便與下屬打成一片了，業績也有了明顯提升，她自己更是輕鬆了很多。

怡彤老師說

職場是一個競技場，它是個人才智發揮的重要場所，所為團隊的成員，應該主動去展現自己的優勢，讓主管去發現和挖掘，然後形成團隊優勢。米娥身為團隊的主管者，她的主要工作應該是讓下屬意識到自己所擁有的資源和能力，然後激發其工作積極性，形成工作動力和成就感。如果每個人都把自己身上的積極因子奉獻出來，彙集到一起，就能爆發出極大的團隊能量。

積極心理學在溝通方面，特別提出「建立發展積極溝通技巧和建立緊密人際關係力量」的應用落點。早在 1997 年，積極心理學的研究者就有指出：溝通問題是指不能有效進行深入而有意義的交流和溝通。同時還提出，對企業而言，企業中健康的交流溝通有助於相互依存、協同合作，最終引導企業健康發展。

在溝通中，如果溝通一方出現一副要爆炸的姿態，另一方自然會透過條件反射形成自我保護殼，這個保護殼會將外來訊息隔絕在殼外。這也是為什麼米娥越是對下屬工作不放心，越是干預，最後結果卻越是不佳的原因。

溝通是溝通雙方的一種心理博弈和感受。溝通者在獲知情況後，應該站在對方的角度體會對方的感受，相信下屬或同事此刻也正在因為犯下的錯誤而內疚。從而在感受了對方處境之後，做出冷靜的應對方法，和下屬、同事共同面對困難，做到在小問題面前恨鐵不成鋼，在大問題面前感同身受。

我在多年培訓和管理經驗中發現，團隊領導人大多數都具備良好的溝通特質，尤其表達能力尚佳。如果借鑑積極心理學的應用思路，能夠為提高團隊管理中的積極力量帶來幫助。我發現，高績效的團隊在積極溝通方面應該具備以下若干主要特徵：

1. 團隊人際關係可靠，彼此間相互信任
2. 團隊管理者具備傾聽和理解的能力

3. 重視公開對話組織規範形式

4. 團隊管理者是積極而尊重他人的高人際導向

我結合多年工作的經驗，給大家幾條溝通人心的建議：

▌溝通人心一：先情感後講事，建立信任是基礎

積極溝通是建立和維持良好的人際關係的關鍵因素，溝通中 90% 的成效取決於對方對你的信任。當下屬或是同事工作出現問題的時候，我們要做的不是去一味指責，而是採取「同心反射」的方式，對對方的感受（焦慮而不信任）進行感受層次的理解，這是形成優秀團隊的前提條件之一。這樣做的結果就是把過去不愉快的事，透過這次交流得到初步化解，信任得以有基礎。

▌溝通人心二：幫助下屬，幫助自己

目前 80 後和 90 後員工是職場的主力軍，他們屬於新生代的年輕員工。從職場生涯來看，都屬於「職業前期」，工作核心能力（包括責任感）基本上還屬於建立階段。從積極溝通角度來看，下屬暴露的問題、狀況和危機都不僅僅是個別的，而是以點帶面的。這是一個給予下屬提升管理能力的新命題、新挑戰。需要提升自己，完成從業務型管理到素養型管理的轉型。幫助下屬就是幫助自己管理角色的積極認知 —— 角色積極行為表現 —— 角色積極期望 —— 角色積極評價，這就是一個積極

自我溝通的過程。

　　管理者應該賦予管理角色更多的積極認知：管理是透過他人完成工作，追求共同的成果，這個過程就是要承擔挫敗，承擔風險，調動士氣，積極主動制定應急計畫，而非消極抵抗，令團隊績效下降。

▌溝通人心三：發掘優勢的探尋術

　　在積極心理學研究中，積極的溝通才能帶來積極的關係。如果我們一直都是用「消極」的溝通，也會導致「消極」的關係。消極溝通往往以問題出發，把缺點放大，用指責作為主要語調。我們需要學習一個新技術：發掘對方優勢，給予正面關注。職場是每個人優勢發揮的重要陣地。下屬優勢必在，只是需要管理者去發現。當下屬逐漸意識到自己的資源和能力，就能激發其工作的成就感，動力也就有了。管理者首先要建立優勢詞彙表，因為這是很多人已有詞彙中最缺乏的，然後帶著真誠、讚賞的態度多應用在下屬身上。同時，多關注下屬的小的積極思維、小的積極行為的改變。當然，對消極行為並不是坐視不管，而是客觀分析，而非橫加指責。簡單而言：多讚賞、少指責，多關注、少干預。如果能夠認同積極心理學的觀點，多鼓勵讚賞，給予支持，下屬把事情做正確了，自己少勞心，就能有更多的精力提高自己。

■ 溝通人心四：引發下屬思考辦法

積極心理學有一句重要的言論：靠自己成功的人，才最有自信和動力。當員工陷入無助的時候，幫助其擴大積極的體驗，讓員工自己找回行動的主控權和自主性，才能從本質上解決問題，提升能力。我們可以在工作中不斷提升傾聽和理解感受的溝通能力，給予下屬一個傾訴的空間，如果下屬希望聽到建議，那麼要注意「提點而非亂點」，最好是給出間接建議，而非直接建議。間接建議是指給出一個可能性、參考性和選擇型的意見。例如：

我很理解你，如果_____，那會_____。

我有一個朋友告訴我_____。

我不知道你會怎麼樣，但當我_____就會感受到_____。

如果我們每個人在工作上和家庭中，開始逐步改善自己愛給直接意見的溝通方式，就能引發思考讓對方能夠自主思考解決點，增強處理能力的信心。溝通首要是人心，積極溝通能促進員工自我成長、增強工作效能以及實現團隊的共同目標。

讓團隊的動力「保持保鮮」

　　加班讓煲仔飯成了我的便飯，我是公司後樓巷煲仔店的常客，在那裡我總能遇到大樓的保全人員。為了安全起見，晚飯後我習慣性地和他們一起回公司大樓，久而久之大家便相互熟知了。

　　這天，我和往常一樣堅持把手頭中的工作做完才下班，「施小姐，這麼晚才下班呀？」保全隊長剛剛完成巡查任務，在電梯間遇見我。

　　「是啊，你今天的巡查任務完成啦？」我看到保全手裡拿著一疊檔案夾，又穿著便服。按照平時，這個時候他應該是完成巡查或者是走在巡查的路上。

　　「不是、不是，我今天早班，早就下班了，我現在穿著便服呢，我今天也是加班！」保全歪著頭，還賣起關子來！

　　「你加班不穿工作服？張哥！真休閒……」

　　「哎……我要寫工作報告，所以才留下來加班。」保全明顯有些吃力。

　　提到工作報告，我來了些興致:「你們也要寫工作報告啊？」我很好奇。

　　張哥抓了抓頭，說:「是啊，煩死了，我每個季度都為這

個工作報告煩惱。這個月大家的工作狀態都不行，總是消極怠工，我這個隊長還真不好當！」

電梯到了一樓，我邊走出電梯邊說：「張哥，別煩惱了，趕快下班回家吃飯。有空我們聊一聊，我們一起想想辦法。」

隔天，週五還沒下班，我就收到了張哥的「約會」簡訊。我顯然感覺有些唐突，愣了一下才想起自己的承諾，我看看手上的工作，下班前應該能夠做完，索性就約他在煲仔飯店吃晚餐。

張哥並不是我所在公司員工，辦公大樓的保全工作由物業公司負責。對於之前的那個承諾，我完全可以不理會的，但我是一個「熱心腸」，加上我最近一直在思考積極心理學在職場上的應用，終於找到一個小試牛刀的機會。

張哥是一個憨厚、工作積極的外包工作人員，雖然他沒有令人羨慕的學歷，但憑藉出色的工作表現，不久前順利成為物業公司眾多保全隊長之一。團隊的日常管理是他的主要工作，在確保工作品質與績效得到有效提升的同時，他還要保障團隊的穩定性和凝聚力。保全隊長在公司的管理環節中處於基層的管理人員，可謂官小責任大。保持團隊穩定（離職率低，忠誠度高）、積極向上（倦怠感弱、滿意度高），這是張哥工作中比較薄弱的一環。

從張哥那裡我了解到，由於福利和工作條件的原因，保全

隊容易出現懈怠、消極的情緒,保全隊人員流動性非常高。張哥所在的十人團隊,上個季度的離職就有五人次。面對這些困難,剛剛上任的張哥感覺有些吃力。另外,在每次排班、調休的時候,總會遇到爭吵不休,不服從安排的情況。作為團隊主管,張哥左也得罪人,右也得罪人,著實讓人頭疼。

身為積極心理學的愛好者,張哥所遇到的問題正是我工作中所要解決的問題。我知道,保全隊出現的問題是職業枯竭的表現,職業枯竭和肉體的疲倦勞累不一樣,它主要由生理和心理、情感和行為引起的團隊不協調,緣自於團隊成員心理的疲乏。

團隊合作是一種永無止境的過程,合作的成敗取決於各成員的態度。從市場部減壓培訓計畫到米娥所在部門,我對工作的認識逐漸轉向團隊精神所在,我對維繫團隊成員之間的合作關係責無旁貸。

在時間、精力、物力的條件下,對於保全隊隊長的問題我有點苦惱。幫助保全隊隊長解決難題也是對自己能力的提升,我首先要讓保全小組成員和保全隊隊長都意識到:團隊利益是個人利益的保證,形成生機勃勃的團隊動力是團隊建設的關鍵。

於是,我建議張哥:「你覺不覺得提高保全小組工作業績,不僅僅要依靠化解壓力的外在手段(調薪、調任、補休等),還

需要對保全隊進行團隊凝聚力再教育，讓員工在工作中取得成就感、自信感、歸屬感、方向感和安全感，最後建立生機勃勃的團隊機制。」

「我懂妳的意思，可是妳也知道，我們當保全的，教育程度本來就不高，也不怎麼愛學習。妳說的都很有道理，可是實現起來卻非常難，有沒有什麼辦法讓他們在團隊中學習？」保全隊隊長顯然已經對我產生足夠的信任。

我聽到這，接著說：「其實學習有很多種，如看看關於團隊合作的電影，這也算一種學習。就算不讀書，也有辦法讓他們學有所得。而且說到文化，作為一個小組的管理者，你應該增強個人的自我效能感。」

聽完我的建議，張哥若有所思地點點頭。

怡彤老師說 ∙∙

我曾經看過一份報告，積極心理學認為，自我效能感強的人在一個團隊中容易引起別人的注意，成為團隊的中心，同時很容易吸引別的團隊成員，在團隊中形成自己的小圈子。當這個小圈子是帶著正向能量的時候，可以增加團隊成員相互激勵和彼此合作的氛圍。

團隊呈正能量的動力，將會帶來在業績上高績效的表現（一

體感、溝通協調良好等）。那麼，如何令團隊動力「保鮮」呢？

美國密西根大學羅斯商學院積極組織學術中心在研究個人和組織可持續性績效的影響因素時，運用了一個更合適的詞：生機勃勃（Thriving）。生機勃勃包含「活力」和「學習」兩大要素，在充滿能量與生氣感覺的同時獲得知識和技能。他們認為，生機勃勃的員工隊伍是這樣一群人：他們不僅快樂，工作卓有成效，而且會參與打造企業和自己的未來。

在日常工作中我注意到，團隊保鮮，首先應該讓團隊充滿生機勃勃精神。生機勃勃的員工擁有一個點突出優勢，他們精力旺盛，骨子裡有對抗職業倦怠感的潛意識。生機勃勃的員工比其他員工的績效高出 16%，而倦怠感比同期低 125%，對企業忠誠度則高達 32%，對自己的工作滿意度高達 46%。

職場團隊是指一群擁有不同技能的人，他們為了一個共同的目標而努力，在達成目標的過程中，互補不足及堅守相互間的責任。「團隊」不是單純指意義上的集結，而是優勢資源的整合與發展，加強團隊精神是職場管理人的重要職責。

職員在團隊中如何扮演角色才具備團隊精神？面對日益細化的社會分工，個人的力量和智慧顯得蒼白無力，即使是天才個人，也需要他人的幫襯，唯其如此才能造就事業的輝煌。面對適者生存的市場環境，企業需要強大的市場競爭能力，競爭

力的根源不在於員工個人能力的卓越，而在於員工整體「團隊合作」的強大。

企業員工，該如何培養和形成團隊合作能力呢？我給出三條建議：

首先，個人努力是員工形成團隊合作能力的內因；

其次，贏得他人信任是團隊合作的前提，這種信任包括人品和技能；

最後，將團隊榮譽視為自己的榮譽，擁有榮辱與共精神。

一個籬笆三個樁，一個好漢三個幫。職場不缺相互幫助的優良傳統，優秀的團隊是由具備各種技能的人結合到一起，團隊合作能使團隊成員間的效用得到最大限度的發揮。

團隊的生產力從何而來

我和同事們看布告欄裡的工作簡報是上班後的第一件事。我快速地掃了一眼，眼睛始終落在「故障」、「疏漏」這樣的消極字眼裡。從這些消極的字眼中，我總感覺到一股負能量的存在。

「妳怎麼把這個放在我的桌上？」我剛坐下，隔壁的同事就急急忙忙衝我喊叫，我發現最近此人特別容易緊張和焦慮。

「肖鵬，你最近怎麼啦？」我出於真心關心，語氣也比較

溫柔。誰知肖鵬立刻跳腳，大喊道：「我怎麼了？我又能怎麼了？妳是想我怎麼吧！」說完蔑視地看著我，我有種莫名其妙的感覺。

我只好舉高雙手，做投降狀，「開個玩笑而已，對不起、對不起！」我這才想起來，最近的績效考核方案把同事們弄得焦頭爛額，可結果卻招致不理解和排斥。這事再一次把人力資源部推到風口浪尖。

這樣的事要是發生在以前，其他部門的同事只會在一旁調侃，可此次情況卻有些不同，同事間連牽動嘴角的微笑都少有。面對這些情況，我意識到辦公室出現了情緒消極，大家對工作產生了一些懈怠，想要提高辦公室內部的凝聚力，就必須設法找到刺激積極情緒、擊敗消極情緒的辦法。

就在我思考如何才能提高同事們的工作積極性時，陳力生的一個電話打斷了我的思緒，他要求我就新的績效考核方案的落實情況寫一篇總結報告。「總結報告，陳總是不是聽說了些什麼？」我覺得這事來得有些突然，我認為陳力生已經感覺到哪裡不對勁。

過不了多久，我將報告傳給陳力生，在報告中特別提到最近人事部出現的情緒化問題，另外還提出對影響團隊工作效能的擔憂。陳力生看完報告後把我叫到他辦公室，「情緒就是我們

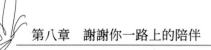

身體對思維的反應。如果生命是錢幣，正面的情緒就是收人，負面的情緒就是支出，長期的負面情緒會讓生命破產」。

道足以忘物之得喪，志足以一氣之盛衰。陳力生在職場工作多年，他深刻領悟情緒就是生產力的道理，人活著靠一口氣，這一氣就可以使你有志或喪志。為了使同事們不將負面情緒帶到工作中，陳力生提倡每天上班前給讓員工享受一頓「精神早餐」，聽 20 分鐘的悠揚音樂和趣味故事，在工作前讓大家的心情輕鬆、愉悅。結果，辦公室緊張與焦慮的氛圍有所緩解。

怡彤老師說 ⋯⋯⋯⋯⋯⋯⋯⋯⋯⋯⋯⋯⋯⋯⋯⋯⋯⋯⋯

在職場中，我們經常受到各種情緒左右，當心情愉快時，做什麼都事事順利，但當情緒低落時，做什麼都提不起精神，處處碰壁。有研究結果表明，樂觀主義者的工作能力要比悲觀主義者高 37%。所以，員工工作時的情緒最終會影響到工作的結果，情緒是影響生產力的主要因素之一。

「以人為本」是很多公司的管理手段，也是人力資源部門一直致力於追求的理念。關注員工心理健康是企業不可懈怠的責任，重視員工心理健康，是一種高階管理方法。讓員工快快樂樂上班、高高興興回家，是提高生產力重要選擇，這既有利於員工身心健康，又能激發員工積極性與創造性，能使其潛在的

工作能量得到最大限度的釋放，使員工與企業雙雙受益。

我在積極心理學的研究過程中注意到，有利於實現工作目標的事件和條件構成了「情緒事件」，這些積極事件促使積極情緒的產生，積極情緒會使職場個體產生更持久的態度，如工作滿意度、情感承諾度、企業忠誠度等管理指標。積極心態好比種子，團隊好比土壤，只有使積極心態在土壤中播種、扎根、開花、結果，才能使團隊具有強大的生命力。

美國密西根大學心理學家的一項研究發現，我們一生中有三分之一的時間處於情緒不佳的狀態。既然每個人都會存在情緒不佳的狀態，那麼在職場中的個人怎樣扮演好自己的角色呢？

很多公司的主管、管理人員，知道情緒會對整個團隊產生極大的影響力，在例會中把這樣話掛在嘴邊，「每一天所付出的代價都比前一日高，因為你的生命又消短了一天，所以每一天都要更積極。今天太寶貴，不應該被酸苦的憂慮和辛澀的悔恨所銷蝕，抬起下巴，抓住今天，它不再回來。」

我是一個半路出家的積極心理學愛好者，在平常工作中，也經常透過各種形式將積極的種子種到同事的心裡，「我相信你，你一定會做得更好！」、「謝謝你對我的幫助，如果需要，我一定竭盡全力幫助你！」

　　簡單而言，員工的積極情緒是組成團隊積極情緒生產力的重要單位，而團隊情緒生產力將展現在管理指標上，積極情緒是一個滋養和催化的正向因素。在同一部門中，情緒會在員工之間相互感染和傳遞，形成相互穩定的人際關係，進而促進積極情緒的個人體驗。因此，積極情緒對營造積極的團隊氛圍非常關鍵。

　　在一個團隊中，從隊長的行事風格，就能知道集體的團隊氛圍，因此積極情緒的主要傳播者和發起者，必然是團隊主管者。身為團隊的管理者，需要適當考慮其積極情緒的主導面有多大。積極情緒能擴大團隊對困難、問題、障礙的注意範圍（認知的深度），使問題解決的效率更高，決策更為全面。

　　在團隊中，對於情緒的評估是一個心理過程，一般都分為「覺察──評估──表達」三個階段。很多人的情緒過程非常猛烈，不是沒有評估，而是評估瞬間就過度了，相對而言，有些人情緒表達非常緩慢，這跟沒有找到合適的表達方式有關。因此，在培訓和開發團隊的情緒管理的專案中，一定要找到合適的一些應用工具加以訓練和輔導。

　　積極情緒對團隊員工實現營運指標起著前因變數的重要性，因此，績效管理實施「標杆」學習上，也非常有必要樹立一個情緒達人──情緒生產力高的員工。積極情緒雖然不是一個可以簡單數據化的指標，卻是一個隱藏在話務考核指標、品質

考核指標和日常管理考核指標中的「推助器」。在團隊的績效談話中，可以請績效佳的員工談一下自己的情緒是如何對營運指標發揮作用的，從而帶出積極情緒引發更高的情緒生產力。

第九章
花未綻放時已飄香

被「犧牲」的職場達人（上）

隨著工作的不斷深入，我的工作能力和資質得到包括陳力生、賈斯汀等分公司上層的認可。分公司主管準備在得到公司總部允許後，將我提到人力資源部門經理的位置。

「大經理，今天中午我們吃什麼？」薩莉和往常一樣從辦公室外走進來，我趕緊對她說：「不要這麼說！」

升遷在即，按理說我此刻的心情應該愉悅才對，雖然我還是按照往常的步調工作、生活，可我發現身邊總有些不對勁。

「我跟妳說過很多遍了，我這個方案可以更改，但關於課時時長的安排已經定好了，是一定不允許改動的！」我以強硬的態度表達自己的意見。

「好的。那我們這邊再協調一下，再見！」對方是銷售部新來的職員，說話輕聲細語。我忘記掛斷，手機順手放在鍵盤邊。正要把注意力轉回電腦上時，無意間聽到手機裡傳來說話聲，我正準備掛斷，對方的話卻吸引住了我。

「她是不是開始耍主管脾氣了，她一直都是這麼聽不進意見嗎？」

「沒有啊，她人挺好的，只是不知道為什麼最近情緒有些不穩定。」

「哎，真不專業，自己心情不好，就把氣出在我們這些人身上……哎呀！」對方似乎發現自己手機沒有結束通話，一秒鐘之後電話裡就傳來嘟嘟的提示音。

我很鬱悶，但也異常冷靜，開始理智地分析是不是自己錯了。是我心情不好嗎？我不斷問自己，彷彿心情並沒有特別不好，我並沒有把不佳心情帶到工作中的習慣。想到這裡，我也沒有太在意，又忘我地投入到工作中。

抬頭看看外面，天已經黑了。辦公室裡空蕩蕩的，偶爾還能聽到加班的同事清脆的鍵盤聲。我抬手看看手錶，已是晚上八點多。本來有計畫下班去按摩一下肩膀，看來也只好作罷。我捏了捏僵硬的肩膀，關了電腦朝外面走去。

晚風帶來一絲絲涼意，讓我清醒了不少。早上不經意間聽到的同事評價，此刻又在我耳朵邊響起。路上一群學生模樣的少女從我身邊魚貫而過，留下一路的笑聲。

我已經很久沒有像這些孩子這樣放聲大笑了。伴著涼風，坐在路邊的長椅上，我覺得很舒服。來到這個陌生的城市，我懷抱著理想，從容面對困難，在各種「不幸」中體會著工作帶來的歡樂。

「妳怎麼一個人坐在這呀？」從黑暗中走出一個人，透過路邊的燈光，我好不容易看清楚，原來是陳力生。

我趕緊站起來，向陳力生問好：「陳總，是您啊！您住在附近？」

「是啊，妳在這裡幹嘛呢？」陳力生一身運動打扮，脖子上掛了一條毛巾，顯然是剛剛做完運動。

「哦，我剛才在附近吃飯，飯後見這裡挺安靜，就不知不覺坐下來了。」我垂頭喪氣地說，在主管面前還是表現出一些心虛。

「怎麼了？這副模樣？」陳力生示意我坐下，他也坐在了長椅的另外一頭。

看了一眼陳力生，我歪著頭，還是把今天白天的遭遇跟陳力生說了。

「妳最近的身體怎麼樣？」陳力生問得有些莫名其妙。

我有些不解，向他倒苦水，談些職場上的事，他怎麼突然問起身體怎麼樣？我來不及細想，回答道：「還是老樣子啊，只是最近有點肩、背痛，晚上睡眠也不是很好，常常半夜有一點小聲響就被吵醒了，之後就再也睡不著。」

陳力生有種「我早知道」的意思，他說：「妳很久沒有做運動了吧。」

我說：「是啊，工作比較忙，有時候還要去港大上課，所以沒什麼時間。」

「現在是下班時間，我也告訴妳一些工作之外的道理。不管

自己多忙，都不要為了工作犧牲自己。一生很長，工作內容也很多。現在還年輕，所以妳可能認為工作就是妳的唯一。但事實上，工作並不是妳的唯一。妳現在為了工作，只是犧牲妳自己，犧牲妳自己的休息時間、鍛鍊身體和學習的時間。等妳以後有了家庭、孩子的時候，妳是不是也要犧牲他們來成全妳的工作呢？身為上司，當然希望員工都像妳這樣廢寢忘食，但是身為朋友和虛長妳幾歲的過來人，我卻希望妳不要為工作犧牲太多！」陳力生說完，抽下了搭在脖子上的毛巾，對我揮揮手，獨自跑進了黑暗中。

我第一次聽到「為工作犧牲自己！」這句話，以前在我心裡，「犧牲」這個詞是充滿敬意的。想不到現在自己也在「犧牲」。

轉念一想，也對，為了工作，我把能犧牲的都犧牲了。我每天總有 100 個理由，讓自己留下來加班，犧牲的是完美的晚餐，以及爸媽的噓寒問暖。每次爸媽打電話來，我總是留下一句「我還在加班」就掛了電話，這讓電話那頭的爸媽多麼失落啊。我總有 100 個理由，來解釋因為自己的工作狂而忽略身體的疾病，棄健康於不顧。

職場中，我有時還很得意，自認為是一個智商、情商都不錯的人，在工作中能很快適應且得心應手，想不到這些也都不過是犧牲自己得來的。夜色越來越深，我不是在默唸中「犧牲」，而是在沉思中求得生的希望。

怡彤老師說 ·····································

　　你在職場中，有沒有被「犧牲」？職場的「犧牲」，不需要用軀體和熱血鑄就長城，而是因為沒有注意到某些警示訊號而導致人際關係破裂、事業失敗或者健康出現問題。犧牲症候群，是指權利壓力讓人們陷入到一種承受壓力和自我犧牲的惡性循環裡，它如病毒一般，吞噬著企業和個人的機體。

　　職場犧牲症並不存在每個人身上，它一般出現在扮演主管角色的群體中。職場初期，很多年輕人的壓力來源大多數是物質需求層次的提高，職場對他們而言，更多的是奮鬥、打拚，談「犧牲」還早。

　　在職場，「犧牲症候群」往往表現不明顯，我們通常在不知不覺中就患病，就陷入了困境當中。如果沒有足夠警覺，沒有自省吾身，透過上述警示告訴你，你正在陷入犧牲症候群危機，我們可以透過以下方法測試職場犧牲症的存在。我現在提供一份職場犧牲症存在的測試題，請大家認真作答：

　　詢問自己三組問題，三組問題屬於自陳式回答問題，0 至 5 分，5 分為正向最高分。總計分數 75 分，超過 50 分以上，屬於犧牲症候群高發人群樣本值範圍。

1. 人際指標：

—— 我無法平心靜氣地跟人談意見相反的問題（家人、朋友、上司、下屬）

—— 我很久不放聲大笑

—— 我喜歡爭執中贏取話語權

—— 我一旦加入話題，孩子家人都沉默和迴避

—— 我甚至記不起上次跟好朋友聊天是何時

2. 身體指標：

—— 我經常頭疼、背痛

—— 我常受到失眠的困擾，半夜醒來，無法入睡

—— 我不懂得什麼是身體放鬆

—— 我許久不做運動

—— 我常做惡夢

3. 精神指標：

—— 我很久沒有時間停下來思考

—— 「感覺」這個詞對我而言，是麻木或者反應過度

—— 一週中，沒有什麼能讓我興奮

—— 創新力離我很遙遠

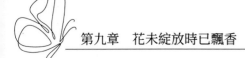

—— 坦白而言，我想逃避，但去哪裡，不知道

無論是職場菁英還是成功人士，為職業而「犧牲」的情況不在少數。越早發現問題，就能越快能阻止問題的惡化，犧牲的局面就得以扭轉。

被「犧牲」的職場達人（下）

知人者慧，自知者明。風雲變化的職場，每天都在上演著犧牲和成就的故事。在主管者的角色中，自我犧牲的悲劇無處不在，越是成功的巔峰，越是險象橫生。在職場，「犧牲綜合症」往往表現不明顯，我們通常在不知不覺中就患病，就陷入了困境當中。

在陳力生的提醒下，我意識到自己已經陷入職場犧牲症的困擾中，於是我開始大量翻閱書籍，希望找到病因，但是結果並不理想。

初入職場的時候，我並沒有像現在這樣自我「犧牲」，那時候壓力的來源往往是對物質的需求，職場對我而言，更多的是奮鬥、打拚。自從獲得升遷之後，我就不自覺地陷入了職場犧牲症，越來越多的事情需要自己決策、取捨，犧牲小我成全大我的心理狀態和傾向越來越明顯。

　　手上的專案還沒有做完，那麼今晚就不和安娜她們去吃飯了，留下來把工作做完吧；培訓計畫要修改，明天說不定有更多的事情做，那麼今晚上就晚點下班吧，反正也做不了多久；星期六預約了去做按摩，可是陳力生問自己有沒有時間，去看看培訓場地，想了一下，還是回答說有時間。

　　這些事情都是我在犧牲自己的最好證明。我也知道，多少職場達人都和自己一樣，因為他們心裡明白，想要攀上金字塔的頂端，就得比別人付出更多的努力，只要掉隊，就會被職場真正的「犧牲」掉！

　　原來，職場犧牲症不僅僅由工作壓力引發，更多來自於權力壓力。進入職場的時間越長，工作職位越高，所要面對的抉擇就越多。如果不及時調整，那麼以後要面對的將是更加嚴峻的挑戰。

　　可是，該怎麼調整呢？我在這方面並沒有經驗。不如去問問陳力生！我盯著電腦螢幕的右下角，現在已經下班十分鐘了，辦公室的同事也陸續離開。我轉過頭去瞄了一眼，陳力生還在辦公室，他好像在收拾東西準備下班。去不去呢？我躊躇了一陣子，還是決定去。我要用自己的實際行動改變自己，改變自己長期以來形成的人生態度。

　　「陳總，您要下班了嗎？」我站在陳力生辦公室門口怯生生地問。我有點心虛，因為這並不是工作上的問題，如果在辦公

場合說出來，會不會被陳力生拒絕呢？

「是的，有什麼事嗎？」陳力生並沒有停下手裡的事情，臉上依舊是看不出一絲情緒，彷彿昨晚上在公園長椅跟自己親切聊天的那個人並不是陳力生。

「陳總，你下班很忙嗎？如果不忙，可不可以抽空幫我解答幾個小問題？」我硬著頭皮，還是要找到解決問題的答案。

「我大概知道妳要說什麼，我確實很忙，但是我很樂意為妳解答。」陳力生看了一下我，對我說：「妳知道妳為什麼會犧牲自己來換取工作上的成功嗎？妳看看身邊的那些比職位比妳高的人，他們是不是也有很多人像妳這樣？」

「嗯，好像還挺多的，但也不是全部，市場部和宣傳部的總監都比較喜歡加班，但是你和賈斯汀好像經常都在休假！」我憋不住笑，繃著嘴好不容易才把話說開了。

「我把妳剛才的話當作是表揚了，哈哈……但我跟妳說，其實很多有成就的人，都會有一套自己駕輕就熟的『減壓』方式。這些方式可以幫助他們自我修復，度過心理危機，短時間內都是有效的。我相信妳非常優秀，這些減壓的方法，妳肯定也有不少。這也是妳在職場的優勢之一，但要注意的是，任何優勢在極端情形下都是有劣勢的。」

我站在一旁，我知道陳力生口才好，但不知道他對職場心理

學的認識有這麼深，「臥虎藏龍」的職場什麼事情都有可能發生。

「極端情況下的壓力事件，舊的方式行不通，新的方式沒有出現，唯有靠『犧牲』來解決。『我需要鍛鍊，可是沒時間』、『我不保養身體，就會得心臟病』、『我再不陪家人度假，妻子孩子就會抱怨我』……很多職場人士由於固有的思維和行動模式具有強大的慣性，所以改變只停留在無助的想法階段。拒絕改變代表著一種自我防禦和保護。為了減少未來更多的犧牲發生，是時候鬆開妳的防禦機制。」陳力生說完之後，看看了自己的手錶，對我微微一笑，提著包往辦公室外走去了。

陳力生的一番話，讓我如醍醐灌頂一般，我這才知道自己為什麼一直查數據查不出個所以然，因為自己根本沒有接觸到問題的核心。經過陳力生的一番高論，接下來的事對於聰明的我來說，也就變得簡單了。

我再一次撲向心理學世界，並如願以償地找到了解決方法，制定了一份比較完善的緩解方案。

怡彤老師說 ··

生病後才治療，不如提前預防，為了防止自己無限度地陷入職場犧牲症中，必須首先學習辨別職場犧牲症的預兆。在職場中，想辨別是否已陷入職場犧牲症並不是件容易的事情，職

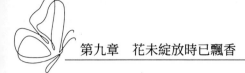

場中很少出現幫你把脈聽診的診斷者，也很少有主管如陳力生能一語中的。如果不是我是陳力生一手帶出來的，陳力生也很難看出我的問題。

拒絕改變代表自我防禦和保護，為了避免職場犧牲症發生，就要鬆開你的防禦機制。當職場犧牲症警示訊號亮起，那麼我們已經不知不覺地陷入犧牲症候群的困境：系統平衡被打破、洞察力喪失、身體變得脆弱……正所謂知人者智，自知者明。

在職場犧牲症面前，職場人士只能靠自我覺知。自知力本來是精神病領域的詞彙，它是指病人對自身精神狀態的認知能力，也就是能不能判斷自己有病或者精神狀態是否正常，後來自知力在心理學上被廣泛應用。正常人在自知力上並沒有缺陷，但是仍然需要繼續加強自身的這種能力。我們透過身體和精神上的自我覺知來對抗職場犧牲症，這是一個要求的自我成長階段，也是主動改變的第一步。

我們先來一起做個練習吧！練習的名字叫「四方陣」。用一張白紙，畫上一個圓，把圓分成四格（可均等或不均等，個人自定）。在格子裡寫：身體、精神、大腦和情感。四個方陣囊括了人的身心智靈運作。只有持續關注它們的變化，才能保持靈敏的覺知力。

你的四個方陣是否平衡？＿＿＿＿＿＿

你有否因為工作而過度消耗身體？＿＿＿＿＿＿

你在生命中什麼活動是最有價值的？＿＿＿＿＿＿

你在工作中哪些是最不喜歡面對的？＿＿＿＿＿＿

在一系列的發問後，我們可以開始進入對自身全面的反思。偶爾停下匆忙的腳步，安靜地和自己進行一次對話。我規定每週都透過「問一問」、「說一說」、「畫一畫」和「想一想」來修正自己的心態。

「問一問」（自己過去的一週過得怎麼樣）＿＿＿＿＿＿；

「說一說」（自認為生命中或是工作中最有價值的活動／最喜歡的事情和不喜歡的事情）；

「畫一畫」（用鉛筆勾勒一個人體，一邊畫一邊對自己的身體做掃描，分別感受身體中的緊張、不適、疼痛、舒適）＿＿＿＿＿＿；

「想一想」（閉上眼睛，深呼吸幾次。頭腦中，想像崇拜的「英雄」人物，想像那些給自己帶來的啟示、告誡以及指導）＿＿＿＿＿＿。

如果說，職場是一個競技博弈場，那麼輸贏、成敗是每天都必須面對的結果。成功達人，勿在失去覺知力和習慣固有模式下，失去自我修復的能力。沒有人說「犧牲」是職場的必選

項，「犧牲」不一定伴隨著成功，但肯定將失去生命中一些珍貴的人、事、物。

你的喜怒哀樂有人聆聽嗎

「家」本是一個讓人放鬆的溫暖港灣，但在競爭激烈的職場，很多職場菁英在工作時間裡消耗盡自己的激情和精力，回到家後出現「下班沉默症」，一言不發，與家人的交流變成一種負擔。

「下班了嗎？今天還要加班嗎？」媽媽的關切又一次響在我的耳畔。

「嗯，下班了，今天不加班了。」我剛剛結束了一個離職談話，情緒的激烈變化讓我心力交瘁。

「妳那邊熱嗎？妳要注意飲食，少吃速食，多在家煮……」媽媽在那頭關切地詢問。

我沒有繼續聽下去，而是打斷了媽媽的話：「好的，媽媽，妳還有別的事嗎？妳和爸爸多注意身體，有時間再打電話給妳。」匆匆和媽媽寒暄後，我掛了電話。我現在是一句話都不想多說。

吃完晚飯，我坐到電腦旁。突然，電話鈴響了，我看了一

眼，是爸爸。不知道為什麼我心裡反而出現了低落的情緒。

「爸，怎麼了？」我轉念一想又覺得不對，平時這個時候爸媽早睡下了。

「哦，沒什麼，彤彤啊，妳是不是有什麼事啊？」爸爸欲言又止。

「沒有啊！怎麼突然這麼問？是不是你和媽媽有什麼事？」一種不祥的預感籠罩在我心頭。

「沒有，沒有，今天媽媽和妳講完電話之後就很擔心，她說妳急急忙忙就掛電話，不知道妳是不是有事瞞著我們。她一晚上都唉聲嘆氣，所以我才偷偷打電話來問問。要是真有什麼事，妳跟爸爸說，爸爸不告訴媽媽，爸爸扛得住。」電話那頭爸爸壓低了聲音，顯然是背著媽媽打的。

我聽完這話，有些愧疚。明明是自己不耐煩，還讓爸媽擔心，自己也太不應該了。「爸爸，沒有什麼事，我就是在買東西，著急付錢，所以才掛電話。」我撒了個謊，不然爸媽今晚肯定又睡不好覺了。

「沒事就好，有事一定要跟我和媽媽說啊！」爸爸的叮囑使我的情緒更加低落。

快要掛電話的前一秒，我聽到媽媽在那頭急切地問：「沒事吧……」原來爸爸也說了一個善意的謊言。

我這才意識到自己真的太久沒有和媽媽好好聊聊天了，也不知道他們最近過得怎麼樣。家才是我永遠的港灣，那裡有世上最不平凡的美。可為什麼會這樣呢？以前什麼事都愛跟媽媽說，我什麼時候變得不愛纏著媽媽了呢？

工作的壓力讓我身心疲憊，可當面對工作時卻必須要異常興奮，但保持興奮狀態的時間總是有限的，下班後興奮的閥門迅速被關上，很難再活躍起來。由於長時間處在疲勞狀態，我形成了排斥感情交流的慣性，患上了心理學上所說的「下班沉默症」。

職場中，為了扮演工作中的各種角色，職場菁英們每天被占據的時間超過 8 小時，因為扮演角色的時間太久，突然之間難以抽離。就拿我公司所在的地區來講，晚上 9 點，燈火通明的辦公室數不勝數。下班後，職場人一時無法從工作角色中回歸到生活角色，從而在心理上產生緊張和焦慮。

上班時侃侃而談，回到家卻疲憊少言；聚會應酬時笑容滿面，面對親友時卻麻木冷淡。面對這種突如其來的「下班沉默症」，我找到自己的心理學導師，讓導師從專業的角度為我做一些心理疏導和輔導，幫助我排除「下班沉默症」所帶來的困擾。

我的老師告訴我，他曾經遇到一位優秀的企業家，即使通宵達旦的超負荷工作都樂此不疲，他成功地扮演著企業家的角

色。可回到家，他卻無法與處在青春期的兒子處理好關係，他對於「父親」這個角色很生疏，和孩子說話的語氣語調如同訓下屬一般。長此以往，父子情感疏離加深。企業家沒有意識到「父親」角色與「企業家」角色定位的語言方式差異，導致了父子之間情感的疏離。

經過老師的指導，我對角色定位有了正確的認知，正確的角色定位是形成合理溝通和情緒表達的保證。我為自己制定了一些心理計畫，比如要求自己每天下班之後，用 30 分鐘到 1 個小時讓自己完全沉默，調整自己。只要這個沉默時間過了，就要求自己恢復到生活中的角色中，打電話給父母、約朋友吃吃飯、認真學習等，做一些讓自己和親人朋友更加愉快的事。

如此練習了一段時間後，我發現我的精力恢復得特別好，與家人、朋友、同事的關係更為和諧了。

怡彤老師說

調查數據顯示，59.6% 的人認為工作壓力令人身心疲憊，心情高興不起來；52.7% 的人認為長時間疲勞，使人形成了排斥情感交流的慣性；40.5% 的人認為人們總是習慣性地對陌生人客氣，忽略親友感受；37% 的人認為工作和交通環境太嘈雜，導致人們迫切尋求安靜空間。

社會就是個大舞臺，工作時間越長，工作角色越入戲。「下班沉默症」往往伴隨著角色負擔過重，飽和量過度。這是一種自我除錯的心理防禦機制，如果對自己和家人沒有造成實質的影響，就不需要過於干預。但是如果造成與家人之間情感交流疏離、排斥的情況，那麼要引起注意了。

我曾經接待過一個「微笑憂鬱症」的職場菁英。Vivi 是一個年輕女孩，長期從事電話銷售工作，工作表現深獲好評。但下班後，就是典型的「下班沉默症」患者：不樂意跟家人說太多話，在家裡做任何事都無精打采，下班後覺得特別無聊……用她的話講就是：上班一條龍，下班一條蟲。也許很多管理者會慶幸有這樣的員工。但從身心健康的角度而言，由於 Vivi 的角色認知比較分離，因此造成了情緒傳遞的功能化過於目的性，而降低了真實性。

情緒勞動者時刻進行著情感強化和情感置換的過程：一方面要增強自己和服務對象之間的親密感，把陌生的服務對象想像成自己的朋友和親人，對待他們像對待自己的親人一樣，這種情況會強化情感的目的性。另一方面，則要隱藏起自己的真實情感。員工長時間壓抑自己的真情實感，即使面對親人朋友都習慣性壓抑和排斥，這種情況稱之為「情感耗竭」。在職場中，過度的情緒勞動還會降低服務人員的工作滿意度，表現在對工作沒有勁、提不起精神、離職傾向明顯等。

哪些行業會造成情緒傳遞的功利性呢？如航空公司、旅行社、銀行、飯店，甚至還有演員等都容易產生情緒功利化。

我認為，時下職場出現的「下班後沉默症」是社會高速發展，競爭壓力迫切加速的產物，同時也是個別個體在心理除錯上採取的一種自我防禦機制導致的。我記得看過這樣的一個故事：一個美國男人每天回家之前都垂頭喪氣、無精打采，如陰靄一般。可是，當他走進家門的時候，就如一道陽光一樣照亮了整間屋子，家裡洋溢著他們一家人的歡聲笑語。他的鄰居一直很納悶到底發生什麼事？鄰居忍不住問他原由是什麼？他說，他院子外有一棵樹，樹上有個洞，他命名為「煩惱洞」。每次他都事先把工作中的抱怨、不滿、煩惱一股腦兒地倒進樹洞裡，卸下工作中的所有包袱，再換上父親、丈夫的心情，輕鬆邁入家裡的大門。

怎麼樣對「下班沉默症」解鎖？我給三條建議：

首先，回到家之前做一個「去面具化」的深呼吸，重視家庭晚餐，因為晚餐是相互溝通、關心家庭、增進感情的黃金時刻。然後，細嚼慢嚥品嘗一頓美味的食物，放慢腳步，感受點滴。最後，可以選擇約朋友們出去唱歌，或者找一些和你職場圈子無關的朋友，談天說地，就是不說工作。

「不在沉默中爆發，就在沉默中滅亡」，選擇在沉默中進行

思考、調整，然後從沉默中再爆發，在爆發中找到自己生活的樂趣，青春活潑的心，決不做沉默的留滯！沉默靜守能保持自己的清醒，沉默不是退讓，而是積蓄下一次奮起的力量，尋找時機走出人生真正的輝煌。

建立自信

在職場上，對自己更加自信一些，沒有人能看出你的內心世界。所以完全沒有必要把自己包裹起來。對別人更加關注，會讓自己的職場之路更加通達。

「你去跟新來的那個行政助理……呃……叫什麼來著？……」陳力生邊說邊翻自己的檔案，彷彿在檔案裡能找到答案一樣。

我趕緊接著說：「夏雪！」

「哦，對，夏雪！想辦法讓她盡快融入公司的工作環境中。還有她那個個性，請她改一改。我們需要的是可複製的人才，不是一個兩耳不聞窗外事的神仙！」陳力生顯然對這個新來的行政助理有些意見。

夏雪剛剛大學畢業，到公司一個月了，可陳力生連她的名字都還不記得。這也不能怪陳力生，確實是這名員工太冷酷、太有個性了。

夏雪就跟她的名字一樣，白，同樣也冰冷。可能她有孤傲的資本，她總是能在合理範圍內另闢蹊徑地找到完成任務的捷徑。也正是因為如此，即使她性格冷僻，陳力生也並沒有大手一揮讓她滾蛋，而是希望我能把她好好改造成更加有用的可造之材。

我思考了一下，來到夏雪辦公桌前。一般這個時候，普通同事都會禮貌地跟我打招呼，可是她繼續敲擊著自己的鍵盤，完全忽視了我的存在。

「夏雪！」我喊了她一聲，夏雪幾乎在同一時間站起來跟我點頭示意。看得出，夏雪一早就知道我站在她旁邊，只等我先開口，才站起來。

「嗯，妳坐！」我心裡想，她禮貌倒是很足。我接著說：「妳下午有空嗎？我想抽半個小時和妳聊一聊妳試用期以來的工作情況，方便我寫報告。」之後我們約定下午三點在會議室聊一聊。

下午三點，我和夏雪來到公司會議室，我關上門，手裡拿著一杯咖啡。

「夏雪，妳來公司多久了？」我已經不像以前那樣，每次和同事面談都緊張得要死，現在的我已經能遊刃有餘地做這樣的工作。

「50 天！」夏雪依然是冷冰冰地不肯多說半個字。

「先談談妳的工作情況吧！」我畫了一個大範圍的問題給她。

想不到夏雪回答這樣的問題也能精簡到兩個字：「勉強！」說完之後，夏雪看到吃驚的我，似乎意識到什麼，接著說：「對不起，我不擅於和人溝通！」說完這些話，她低下了頭，露出了緊張的表情。

「沒事！沒事！談談妳在學校的朋友吧！」我雖然吃驚，但是很快鎮定了下來。我決定先縮短兩個人的情感上的距離。

「很少！」夏雪說完趕忙接著說：「我的意思是，我在學校的朋友並不多！」

「可以理解」，我微笑著化解了那一瞬間的尷尬，接著說：「雖然我們進來才一會兒，但是我透過妳的動作、神情和語言能夠了解到妳自己其實很明白自己的缺點，並且也希望自己能夠積極改正這個缺點！」

「嗯！」夏雪小聲地回答道：「他們都說妳是公司第一個把心理學運用到人力資源管理上的人，想不到妳心理學這麼厲害啊！」夏雪露出崇拜的眼神。

「倒也不算厲害，任何一個在職場上久一點的人，都看得出妳希望努力改變的事實。」我這才意識到，原來在別的同事眼

裡，對自己是這樣的評價。

「嗯，我知道自己有些冷酷，我也希望改正，可是好像很難！我只是很敏感，我總是怕自己說多錯多，彷彿每個人都能看透我一般。所以我選擇少動、少說來讓自己更加自在一點。」夏雪說。

「很正常，我們之所以安排這一個談話，也是希望能幫助妳進步。妳的進步對於公司和妳個人，都是大好事！」我說完之後抿了一口咖啡，接著說道：「每個人心裡都有一個舒適區，我們很多人的心裡舒適區是排斥對家人說我愛你。一旦讓我們說這句話，我們會覺得彆扭、怪怪的。當我們認知到這句話可以增進和父母、家人之間的感情，並漸漸被我們接受的時候，那麼這句話就不會觸碰我們的舒適區。」

我說到心理學方面的問題時總是井井有條、頭頭是道，夏雪的表情逐漸舒緩開來，我知道自己的論述造成了一定的效果。

「妳的舒適區是不希望別人打擾妳。妳不願意理會和妳沒有直接關係的人或事，不願意去思考別人的要求，更不願意去關心陌生人。妳在學校的時候，同學們最多也就是說妳冷酷，說妳有個性。可是，當妳進入職場以後，妳會發現，這樣的妳，工作起來很吃力！」我邊說邊注意夏雪表情的變化，夏雪雖然冷酷，但並不頑固。

「嗯，我真地希望能夠改變這方面的缺陷，有時候我覺得自己很消極，總喜歡消極地曲解主管的話語，還很不願意被別人提意見。我該怎麼把這種『隨性』從身邊趕走呢？」夏雪是個聰明的女孩，她早就看透了自己的缺點，只是短時間內沒有改變的方法。

「很不錯，妳能意識到自己的不足，並且願意改進，本身就是一種能力。妳要學會對自己不那麼敏感，這樣妳才會對別人敏感！」我言簡意賅地切中要害。

「我一直以為自己對別人很敏感。別人笑一笑，我就會猜想別人是不是在嘲笑我……」夏雪有些不解地說到。

「不，其實是妳對自己太過敏感，為了偽裝自己，妳把自己包裹得太嚴實，時刻在保護著自己，使自己對別人不敏感。」

「在心理學上，有個定義叫做自我透明感效應。很多敏感的人總是想當然地認為別人能看穿自己的一切。當妳站在演講臺上，妳會認為妳的一舉一動都會被觀眾收人眼中，比如緊張、冒汗等，其實別人除了看到妳的臉部表情，他們什麼都看不到。所以，妳完全不必用毫無表情來掩飾自己，妳可以嘗試著對自己不要那麼敏感。不信妳回家做個測驗，妳在媽媽面前敲一首大家都非常熟悉的音樂節奏，妳看看她能不能猜出是什麼歌。」我說。

「一定能猜出來吧！」夏雪回答到。

我說：「實驗證明，只有百分之三的人能猜出來。人們為了把想法傳遞給別人，發明了圖畫、語言和文字。如果人與人之間的交流僅僅是一個眼神就能完成的事，人們為什麼還要費盡心思去創造文字和語言呢？」

夏雪聽到這裡，慢慢地點了點頭。但是隔一會兒她又說：「可是妳剛才不是就能看出我的心理活動嗎？」

我點點頭，接著說：「的確，當人們真正用心的時候，可以在一定程度了解對方的一部分心理。但是妳放心，這不是在看美劇，而且也不是每個說謊的人眼睛都會朝左看。我能了解妳的一些想法，是基於我對妳的認識，而不是讀心術！再偉大的心理學家，也不可能練就讀心術的。」

說完，我和夏雪相視一笑。就這樣，我與夏雪常常交流，我發現她越來越活潑開朗，工作效率也大幅度提升了。

怡彤老師說 ·········

許多職場新進員工總是非常沒有自信，特別是在公共場所發言、工作這樣的事，能避免就避免，深怕自己出錯。為了躲避這樣的事情，喜歡把自己包裹起來，給予人「冷酷」、「冷漠」的形象。其實職場是非常忌諱這樣的個性特徵的，這一切都是現代人高估了自己的透明度。

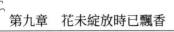

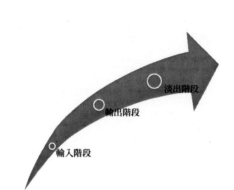

　　很多職場新人或把自己包裹起來，或語出驚人來拒絕外部環境，我非常能夠理解。我們來看下圖，職業生涯發展的三個階段可分為輸入階段、輸出階段和淡出階段。輸入是指對知識、訊息、經驗的輸入，輸出是指輸出服務、知識、智慧和其他產品。剛從校園踏入職場的新員工，正是處於職業能力的輸入和輸出階段的轉型期，既有實操能力的輸出，又有心理能力的輸入，是職業發展的關鍵時期。這個時期能否有效過渡，決定著職業發展的高度。

　　與此同時，職場新人又普遍存在：情緒容易產生也容易消退，感情外露或者感情內斂。你可從下面列舉的幾條特徵中自行辨識：

・遇到生氣的事就怒不可遏，想把心理話全說出來才痛快。

・和人爭吵時，總是先發制人，喜歡挑釁。

・遇到令人氣憤的事，不能很好地自我克制。

- 情緒高昂時，覺得做什麼都有趣。

- 符合興趣的事情，做起來幹勁十足，否則就不想做。

- 一點小事就能引起情緒波動。

- 討厭做那種需要耐心、細緻的工作。

職場新人現在所處的職業發展過渡期，是彈性的、開放的、動態的，有顯著的個性化特徵，又易受多維環境因素和個體因素影響，對往後的職業發展有著舉足輕重的作用。因此，在日常的工作中，除了要竭力做好操作能力的輸出工作，更為重要的就是培養自己的性格力量，輸入利於職業發展的良好心理，掃清前進路上的障礙。

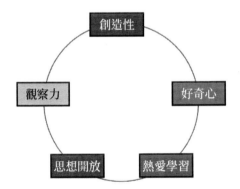

性格的力量，是積極心理學大師克里斯‧彼得森（Christopher Peterson）在其著作《積極心理學》中提出的一個全新的概念。他認為，職場力量來自於良好的性格——一系列積極素養

的綜合體，其特點是有洞察力、團結合作精神、善良和充滿希望等，這當中包含 24 種性格力量。

結合職場新人的職業發展現狀，我建議職場新人能先從認知部分開始著手培養自己的性格力量：

1. 創造性：能夠思考出新奇和有效的方式去做事情；包括藝術成就，但不僅限於此。

2. 好奇心：能夠對所有正在發生的事情感興趣；認為所有的科目和話題都是富有吸引力的，樂於去探索和發現。

3. 熱愛學習：掌握新的技術知識；熱愛學習跟好奇心這一性格力量顯然是相關的，但更能描述增加某人所知的系統性。

4. 思想開放：能夠全面透澈地思考問題，從各個方面檢查問題；不急於得出結論；能夠根據事實調整自己的思想；全面公平的衡量各種證據。

5. 洞察力：能夠為別人提供理智的參考意見；能夠以多種方式看世界，認識自己和他人。

與此同時，在職場中，不斷提升自信心，自信心是邁向職場成功的起點，也是開發自我潛能的金鑰匙。有人說，成功的欲望是創造和擁有財富的源泉，經由自我暗示、激發後形成一種信心，這種信心又會轉化為一種積極的感情。它能夠激發我們釋放出無窮的熱情、精力和智慧，進而幫助我們獲得學業或

事業上的成就。職場中，培養自信的方式有很多，如挑前面的
位子坐、練習正視別人、把走路的速度加快 25%、開口大笑和
練習當眾發言等。

第十章
回頭看，職場宛如初次見面

蓬勃發展的人生才會有幸福

職場永遠不缺乏「事故」。最近辦公室氣壓極度低迷，所有人都知道，我們公司的一個大客戶已被對手公司挖走，分公司下半年的業績至少有百分之十化為烏有。我站在茶水間的窗前，心想：到時候可能又是一番風起雲湧。

公司遭受這樣大的風波，被問責不可避免，從高層到一線員工，沒人能躲得掉。最近，我不斷加班，因為下個月又是我去美國進修的時間，我必須把手上的事處理好，才能安心告假。我每天很晚才離開公司，可每次都能看到賈斯汀的辦公室燈火通明。這次的事故也讓賈斯汀不好過。

「稍等！」正當我準備進電梯的時候，身後傳來賈斯汀的聲音。

「嗯」我趕緊攔住電梯，我還以為賈斯汀要跟著自己一起下樓。

賈斯汀三步併作兩步地走到我面前，搖搖手說：「我不下去，我想麻煩妳到樓下超商給我帶一份三明治和一杯咖啡可以嗎？我助理下班了，我正在趕一份重要檔案，現在不能離開辦公室。」

幫主管買一份晚餐肯定是沒有問題，我打量賈斯汀，只見他頭髮有些凌亂，看起來精神狀態不是很好。我點點頭，十分

鐘後，我帶著從樓下買來的三明治和咖啡敲響了賈斯汀辦公室的門，把買好的晚餐放到賈斯汀的辦公桌上。

「謝謝。」賈斯汀並沒有吃三明治，而是打開了咖啡的蓋子。在說話之餘，賈斯汀的眼神並沒有離開電腦的意思。

「不客氣，樂意效勞！」我想了一下，問道：「賈總，這次事故一直困擾著你吧？我還從來沒有見你如此緊張過。」

面對我的問題，賈斯汀表情沒有出現大的變化，他示意我坐下，拿起三明治吃了起來。他知道我目前的困惑，對我說：「事態的確很嚴重，總公司已經在關注這件事情。我們的確正面臨來自各方面的壓力！」

「那我們這次失敗的主要原因是什麼呢？」我已經習慣了直入主題。

「失敗？妳覺得我們失敗了嗎？」瞬間，賈斯汀露出了一貫的紳士微笑。

「難道不是？你剛剛不是說事態很嚴重！」我有些摸不到頭腦了。這賈斯汀的變化也太快了，猶如夏天的疾風驟雨。

「哈哈……」從賈斯汀的笑聲中，我還真沒有聽出失敗之後的悲傷！我倍感疑惑。賈斯汀接著說，「的確，這次我們失去了一個非常好的客戶。妳剛剛說失敗，我們姑且認為我們失敗了吧，但對手並沒有在技術上占據優勢，而是殺敵三千自損一萬

的價格戰。在一定程度上說，我們也取得了一定的收穫。」

明明損失了一個大客戶，我們的收穫在哪裡？我也算是一個職場老人了，我從賈斯汀的表情變化中找到了一絲蛛絲馬跡。看到賈斯汀輕鬆的表情，我一下子放鬆起來。

賈斯汀接著往下說：「上帝是公平的，他拿走希望之火，卻會留下另一樣東西。由於我們在硬體和技術條件上還是占上風，所以我們不怕價格戰。對手就不一樣了。表面上我們失敗了，實際上我們在未來的競爭中已經占據了優勢，只要我們保持鬥志，在教訓中吸取經驗，我們將在接下來的競爭中把失去的都奪回來。」

我有種撥開雲霧見晴天的感覺：「您的意思是說，客戶還有可能回到我們手上咯？我們還會出更低的價格嗎？」

賈斯汀搖搖頭：「不是的，我們不怕價格戰，但是我們不要做無謂的犧牲！客戶回不回來已不是重要的問題，重要的問題是我們並沒有失敗。我們依然占有優勢，市占率我們超過對手三倍以上。無論是客戶素養、數量，我們都占上風！怎麼？大家認為我們失敗了嗎？」

我說出了大家的心聲：「沒有，只是大家都很低迷，有種大禍臨頭的感覺。」

賈斯汀低頭咬了口三明治：「那你們人力資源部又有新任務

咯！這種心態非常不好，你們要及時幫助員工端正心態，運用妳的積極心理學使大家重新回到正常管道。」

我有些不解：「哪種心態？」

賈斯汀說：「以結果論勝敗的心態！有句話叫，人生蓬勃才幸福。我們雖然失去了一個客戶，可是我們一點都沒有失敗。可能你不在市場部，你當時並不知道我們為了和對手競爭這個大客戶做了多少努力，這個過程的每個細節都可以成為商場上的一個經典案例。我們在這次的戰鬥中，情緒穩定而正面，其實一開始對方就已經壓倒性的勝過我們了，可是我們並沒有沮喪。特別是高層，大家都非常積極正面地迎接挑戰。現在結果出來了，困難時期過去了，想不到士氣卻低迷了！」

說話間賈斯汀已經快速地把一個三明治消滅了，他接著說：

「妳明天和陳力生討論一下吧，看看以怎樣的形式，為分公司的員工做一次集體的心理輔導。我可不想看到我的員工整天懷著失敗的心態。」

我有些窘迫，內心很困惑，只好硬著頭皮說：「我不是很明白！」賈斯汀笑了笑說：「其實我能理解，就算是陳力生，他也未必會明白我的意思。」賈斯汀喝了一口咖啡，悠然逍遙的神情又回到了他的身上，他說：「妳最近心理學學的怎樣？」

我說：「還不錯！」

賈斯汀說：「你知道馬丁・賽里格曼（Martin E. P. Seligman）教授嗎？」

我說：「積極心理學之父！」

賈斯汀說：「馬丁・賽里格曼教授最近提出了一個新的『幸福』研究成果。他提出，一個人是否幸福，已不僅是生活滿意度的測量結果，而應該是更深層次人生的豐盈蓬勃。他認為應該用積極的情緒、自主地投入追求人生意義，處理好社會中的人際關係以及換取相應的成就來衡量幸福。」

賈斯汀說到這裡，我一下就明白了：「PERMA 理論！我懂了。你的意思是，我們是否失敗，其實並不僅是結果而論。就算是失敗了，不同的心態也可以有不同的看待方法。而你更希望我們能用積極的情緒、正能量的心理狀態去迎接暫時的失敗。我懂你的意思了。我們只是輸了一場，並沒有失敗，對嗎？」

賈斯汀滿意得一笑，對我說：「對！別愣著了啊，快回家吧，好好想想明天要怎麼把這個理論融到心理輔導中吧！」

怡彤老師說 ●●●●●●●●●●●●●●●●●●●●●●●●●●●●

人的一生和生意場一樣，有輸有贏，難免失敗。許多成功的人並不是比別人更有天賦、更有能力，只是在心態方面比別人成熟，在面對挑戰的時候，情緒穩定而正面，有自己明確的

奮鬥目標，即使是暫時失利了，也很享受那迎接挑戰時的精采和打拚，沒有背負負面能量。我在研讀應用心理學碩士時，導師曾這樣說過：「人心有大奧祕，人心有大力量！」一次又一次的親身經歷，無數次驗證了這話。

　　我這樣認為：人是既有規律又無規律的，因此才會有無數的可能性。而人心的力量，更是奇妙無比的，我們無法想像它源自何方，又是怎麼爆發出來的。大奧祕、大力量都蘊涵於人心，只有恰逢其時才有顯現的機會。

　　在職場，每一個人都可以是幸運兒，都能夠否極泰來，關鍵是怎麼用心去面對。職場中，你可以有很多種選擇，可以一條路走到黑或盲目地追隨，也可以用「心」編織華麗篇章。職場人的經歷或有類似，或有不同，但生活在同一個時代，誰也跳不出職場中複雜的人際關係和矛盾的圈子。

　　我想當初在關鍵時刻挺身而出也與我積極的情緒有關，積極情緒是指個體由於體內外刺激，個體需要得到滿足而產生的伴有愉悅感受的情緒。積極情緒一般有感染性，常見的積極情緒包括：幸福、信任、滿意、自豪、感激和愛。

　　後來我越來越會使用這個原理：PERMA—— 積極心理學之父馬丁・賽里格曼教授在 2012 年末提出的新的「幸福」研究成果。他提出，一個人是否幸福，已不僅僅是生活滿意度的測

量結果，而應該是更深層次 —— 人生的豐盈蓬勃，並提出用積極的情緒，自主地投入追求人生意義，處理好社會中的人際關係以及換取相應的成就來衡量幸福，這就是 PERMA 理論。那我們如何把 PERMA 理論運用在職場中，從而找到自己的幸福感，保持我們的職業活力呢？我有一些建議：

P：積極情緒

據某項研究數據顯示，當我們的積極情緒和消極情緒的比例達到 2.9：1 的時候，工作績效會非常好，創造力提高，創造效率也更高。心理學上也發現，具有積極情緒的人，能夠更好地把有限的心理能量投入到外界建設性的事務中去，能夠更自然地展開工作，最大程度釋放自己的潛能，提高工作效率。面對工作難題時，擁有積極情緒的人更傾向於尋找解決辦法，甚至更容易提出充滿想像力和創造性的解決方案。

保持積極情緒的重要方法就是關注事物的正面，客觀對事件進行評價。另外，不要抑制消極情緒，而是正確去面對並且分析來源，適當的宣洩以達到控制的目的。

E：投入

投入，與心流有關，指的是完全沉浸在一項吸引人的活動中，感覺不到時間流逝，自我意識消失。處於心流狀態中的我們與任務合一，由於心流需要集中全部的注意力，因此它動用

了我們全部的認知和情感資源，讓我們無暇思考和感覺投入，完全沉浸於事物當中。

在工作中，我們需要找到對我們來說有一定難度並且有意義的工作任務，在處理和掌控這項任務時產生的心流感，不一定能達到巔峰體驗卻讓我們感到自我滿足。這種幸福感是持續性的，在事件告一段落，回想起來時更能被真切感受到。

█ R：人際關係

一項研究發現，在參與研究的大學生中，快樂的學生的明顯共同特徵就是都有親密的朋友與家人，並花時間與他們共處。研究人員總結：「想要追求快樂，就應該培養社交技巧、建立親密的人際關係與人際支持（Social Support）。」

同樣，職場上的人際關係和家庭的人際支持品質在相當程度上影響了我們的幸福感。處理職場人際關係的原則與處理家庭關係有異曲同工之處，首先是找到大家共同的工作目標和共識；其次是掌握與同事、上司正確溝通的方式，並且注意溝通時的情緒處理。忽視附在溝通中的不良情緒，關注溝通內容和目的，能使溝通更有成效。職場中，把同事當作是「兄弟姐妹」，而上司是「父母長輩」，將大家看作「家人」般彼此擔待、包容，在同一大目標下互利雙贏。

▌M：意義與目的

比爾蓋茲的財產淨值大約有 466 億美元。設想一下，如果他和他的太太每年用掉一億美元也要 466 年才能用完。那麼比爾蓋茲為什麼還要每天工作？這只說明一點，比爾蓋茲的工作對他有意義，並且這個意義肯定是高於金錢的。

意義，能發揮個人長處，達到更大的目標，它是高於生活的精神狀態的滿足。心理學家馬斯洛指出，人會有比生存更高的精神需求，而且這種需求能讓人保持巨大的熱情和動力。

在職場中，讓我們擁有源源不斷的熱情和創造力，投入身心去打拚的便是我們的「自我實現」需求，一種渴求能力發揮，不斷自我創造，對實現自我價值的追求。有自我實現意義的工作會讓我們有自我滿足和幸福感，勇於挑戰並樂在其中。

相反，如果工作只是單純為了金錢、生存，只是為了過日子，那麼工作只會是虛耗我們時間、謀殺我們精力的惡魔。

▌A：成就

我們都期望自己的努力付出會有好的結果，成就，就是我們給自己最好的獎勵。我們專注於該領域並做出成績，這些累積起來的成就，不止是我們的寶貴記憶，更將成為我們自信的來源，激勵著我們前進。職場的幸福感是需要成就來滋養的，它可以來自一個成功的新嘗試，一個專案的落實，或者是晉升的職位等。

　　確立目標是獲得成就的第一步。在工作中，面對艱鉅任務或大困難時，我們可以在每個工作階段設立小目標，一步一步完成目標，接近任務結果的同時也能收穫成就感。

　　我研究如何提升邁場幸福感也有些許時日了，總試圖找些跟幸福感有關的規律，那些職場幸福感指數高的人往往更容易進入「TA」心裡。

　　我常常引用以下的小實驗故事來展示高幸福感的人與低幸福感的人之間的差別：

　　心理學家首先假設，負面訊息對幸福感高的人和幸福感低的人之間的認知有差別。接著，實驗開始。分別把幸福感高的人和幸福感低的人分成兩組，給他們看同一組文章報導。文章報導內容主要是一些保持身體健康的內容，如每天喝 3 杯濃縮咖啡得乳腺癌的可能性將提高多少百分比？兩組人，給予同樣的時間完成閱讀。兩週後，再邀請兩組人到達現場，對曾經閱讀過的文章進行回憶，看哪組人對文章內容記憶度高？

　　我培訓的學員，有 70% 以上認為幸福感低的人記憶度高。而正確的答案恰好相反：是幸福感高的組別記憶度高。

　　理由很有道理和簡單：幸福感高的人對有利於提高自己幸福感的內容記憶尤為深刻，更願意保持健康的生活習慣。

　　很多人在譁然後，立刻理解了。

職場幸福的測量緯度關鍵詞是：滿意度和積極情感。職場幸福感指數高的人往往表現在對工作環境、工作氛圍、工作流程、人際溝通、薪資水準等有形和無形的專案都保持高滿意度。同時，對工作挑戰、工作難度、責任使命報以積極情感為主。

但是，現實中很多冒似擁有外人羨慕嫉妒恨的工作的人，卻不怎麼幸福。實際上這是指內心滿意度和積極情感投注比較少。

下圖為更為具體的把職場幸福感的專案羅列出來：

福利薪資	— 這是構成員工職業幸福感的物質基礎。
工作環境	— 舒適、安全、健康的工作環境也是員工獲得職業幸福感的重要因素。
發展前途	— 職業發展的良好規劃、升遷管道的順暢等等，可以使員工與企業共同成長和進步，進而增強員工職業幸福感。
工作崗位	— 從事適合自己能力興趣的工作時。員工就會得心應手，這也可以使其獲得職業幸福感。
人際關係	— 在人際關係融洽的企業，員工之間真誠相待，相處融洽，自然會產生幸福感。
人格尊嚴	— 當員工的辛勤工作得到主管和同事的表揚時，就會感受到被企業尊重，就會在被肯定中感受到幸福。

職場是人生的一個競技場，充滿競爭和殘酷的規則，會有公正裁判也會有誤判，我們可以選擇挑戰，也可以選擇消極應對甚至憤怒離場，但是當我們選擇積極完成比賽時，往往我們得到的不止是賽果，還有比賽以外的收穫。PERMA 是我們保持職場持續戰鬥力的正能量和營養素，也是職場幸福感的強化

劑。它能讓我們往更好的方向發展和前進，但是接不接受，決定權依然在於我們自己。

初次見面的驚豔，再次見到依舊如此

職業生涯猶如爬山。上山，步伐越輕鬆，動力也越足；下山，則步履艱難，動力不足。快到山頂時，每進一步都要付出相當艱辛的努力。山頂就在眼前，可就是爬了許久，還是覺得離山頂那麼遠，不爬又不甘心，繼續前進，卻又精疲力竭，無可奈何。

「走，一起吃飯去，今天我們就在公司餐廳吃吧！」薇薇習慣性地站在辦公室門口。

我看了一眼右下角的電腦螢幕，說了句：「妳等一下，我儲存一下檔案！」

公司又來了新人，薇薇熱情地指著那些年輕、陌生的臉龐，告訴我，這是誰誰誰，是哪個部門的，那是誰誰誰，是哪個部門的。我在他們的臉上看到了朝氣和激情，可我卻突然覺得這些表情好陌生。心裡悶悶的，自己都想不明白，我想問問自己為什麼當初的激情會被磨滅得只剩下習慣了呢？我開始反思自己。我似乎正一步一步走向自己所定義的成功，可也彷彿

丟失了什麼。

「妳有沒有在聽我說話啊？妳看那個穿白裙子的，據說跟當年的妳一樣，也是賈斯汀欽點的哦！話說妳當年如何被賈斯汀從總公司親自挖過來的，妳說，你們之前怎麼認識的？」薇薇拉著我說個不停，可是我只聽進了一句話，「跟當年的妳一樣」！

我心裡難過起來，除了年齡、職場經驗、專業水準的差異，自己和他們哪裡不一樣了呢？

「妳今天怎麼啦？跟妳說話，妳也不理人，真是的！」薇薇看我並沒有理她，有點委屈地說道。

我卻說：「薇薇，對不起，我已經吃完了，妳自己慢慢吃，我先回辦公室了。」說完我就端起自己的餐盤，大步離開餐廳，其實我也不知道自己在逃離什麼。

進公司這麼久，我曾經得意過、喜悅過、激情過，在其他同事眼裡，我獲得了無數的鮮花，他們經常以掌聲相迎，可是他們卻不了解成功者背後的辛酸。我還記得剛到香港的日子，這個城市絢爛的霓虹燈讓我興奮不已。坐在高聳入雲的辦公室裡，俯瞰來來往往的車水馬龍，出入各種高級餐廳，這是多麼驕傲的菁英寫照啊。

可是幾年下來，高強度的工作壓力，幾乎讓我停擺。我無止境的求知慾又總是推動著自己不斷前進，我有自己明確的期

望、目標，也有切切實實的行動力、執行力。面對同事們的掌聲，我幸福過、激動過，但也無助過。可現在的自己為什麼還是會覺得工作是一種負擔呢？

怡彤老師說 ·····

　　激情，在愛情中，可以把它的本質解釋為大腦皮層中羥色胺的分泌，這種激素延伸出無數戀愛的徵兆和體徵。在工作中亦然如此，剛入公司的我可不就是和工作展開了「熱戀」嗎？

　　初入職場的我總能保持亢奮狀態，任何一個小的動力就能讓我「活」起來。那時的我很容易滿足，有時只是主管的一句口頭表揚，就可以讓我為之驕傲，更願意為工作付出……

　　我在公司工作幾年之後，遇到了激情消退的瓶頸期。這麼多年來，我感同身受，很多同事遇到我這種情況毅然選擇了辭職。我曾考慮過辭職，可是我知道，跳槽不是解決問題的根本方法。當初能讓自己找到激情的地方，現在依然還是老樣子，外在環境並沒有發生變化，變化的只是自己的心理。就算跳槽到一家讓自己重燃激情的公司，可是再三年後，激情還是依然會退去，那時怎麼辦？又跳槽嗎？顯然不現實。

　　當我再一次走到職場的關鍵點時，我再一次嘗試自我調整，我要重新找回工作中的激情。經過努力，我借鑑馬洛斯的

需求層次，把職場激情理解為三個階段：收入、身分和尊嚴，對職場進行分析和思考。

對剛剛步入職場的大學生而言，薪資收入是對自己價值的最大肯定，看著自己越來越多的收入，覺得工作非常有價值。價值可以用金錢來衡量，金錢又能滿足物欲，年輕人激情澎湃地撲到工作中，那個時候職場激情也最濃烈。

漸漸地，上班族們不是要從工作中得到金錢，還想獲得身分認同和社會認同。他們希望在老朋友的聚會上，當別人提到自己的身分與地位時，自己起碼也能是個經理。這個時期的職場達人們也會激情澎湃。

在獲得一定身分之後，職場菁英們開始為自己的尊嚴而奔波勞碌，這個時候只有獲得尊重才能使他們得到最大滿足。我為了讓自己多感受到這份肯定和尊嚴，偷偷買了一個小本子，每挽回一個想要離職的同事，就在上面給自己寫上一句肯定自己工作的話。每幫助到一個員工，我也會記下來，並且強迫自己經常翻看。

其實，剛開始的時候我覺得很彆扭，總是害怕別人看到，會誤會以為我是個虛榮、驕傲的人。但這樣的舉動漸漸鼓舞了我，我覺得自己彷彿又找回了和工作戀愛時的感覺。

從自我成長的方面來看，有的時候，個人的職業關係發展確實就像和工作談戀愛一樣。激情非常重要，否則一定熬不過

七年之癢。可是要怎樣在自己激情退卻的時候找回激情呢？那必然就是將自己從職業帶來的金錢和名位中抽離開來，找尋那些原始的、樸質的，促使自己前進的動力。

每個人都渴望衝破天花板，看到屬於自己那片成功的天空，不同的是大家對成功的定義與理解。路在何方？路在腳下。不管哪個層面上的職場人士，只要你能裝上充電電源，電壓夠大、電流夠強，就能開足馬力，形成你的強勢和優勢，去衝破天花板，尋找新天地！

研究發現，有 85% 以上的上班族在職業發展過程中出現職業倦怠現象。在遇到職業倦怠時，他們因困惑和煩惱而難求發展，抬頭望向天空，陽光雖然還是那樣燦爛，但中間卻隔著一層厚厚的玻璃天花板，可望而不可及。

我們如何辨別自己已經進入激情退去的職業倦怠期？職業倦怠期一般表現為對工作缺乏熱情、煩悶、倦怠等，引起職業倦怠期的原因很多，主要有職位待遇、職位年限、職位環境等。我曾經遭遇的職業倦怠期主要是由職位環境引起的，多年從事一樣的工作，工作職位對我已經不具有挑戰，已經缺乏能使自己進步的基因。職業發展瓶頸是職場發展到一定階段遇到的問題，它就像女人的更年期一樣不可避免，發現並度過職業倦怠期是職業發展的關鍵，我給大家一些小測試。

　　拿出一張紙，問題答案如果是「是」請在紙上畫下「正」字的一筆。

- 很久沒有得到上司的讚揚了。

- 上班就想下班，一下班就精神百倍。

- 經常冒出跳槽的念頭。

- 工作中遇到問題，能推給別人的一定不會自己做，不再那麼願意付出。

- 沉迷在休閒活動中，譬如去 KTV、看電視。

- 在工作中容易出現沮喪和挫敗感。

- 覺得自己的能力很不錯，可是團隊的能力很難提高，覺得團隊帶給自己牽絆。

- 同事稱呼你更多的是以職位代呼，如總是叫你 XX 經理、XX 總。

- 自我價值觀和工作價值觀經常發生衝突。

- 覺得自己的工作毫無技術可言，瑣碎而重複。

　　如果做完上面的測試，你的紙上已經畫了一個正字，那麼你就要注意了，你很有可能已經進入了職場激情消退期。

　　為了使我們活得更加精采，進入正能量的工作週期，我們該如何解決職業倦怠期中的各種問題？要突破職業發展瓶頸，

首先要問自己幾個問題並深入思考。

- 為了擺脫職業倦怠，我準備好了嗎？
- 我需要跳槽換工作嗎？
- 風險有多高？
- 我在哪些方面還需要改進？
- 是否考慮在業餘時間深造或學習一些領域的專業知識？

這裡我提出以下建議：

▌建議一，職場充電「對症下藥」

職位待遇問題、升遷問題一般由個人能力引起，激烈的市場競爭時刻提醒著我們每個人，要不斷進行自我增值，否則將舉步維艱，就如同耗損的電池般失去利用價值。

▌建議二，管理情緒，尋找正能量

情緒化是職業倦怠期的最重要表現，這個時候我們需要戴上職業面具，做好自己本職工作，不把負能量傳染給其他人。「忍」也可以幫你走出目前的處境，找到新的自我。

▌建議三，有計畫跳槽

換個環境重新再來，尋找另外平臺，我們有三個方向可以考慮：

　　一是跳到新的專業管理職位上；二是轉向專業領域，發展成為資深專家；三是跳到新的相關職位上繼續發展。

█ 建議四，休假式療養

　　給自己一個空檔期，休息是為了更好地工作，可以利用這段時間外出旅遊、閉關修養，達到修身養性，感悟人生的目的，重新評估自我人生價值。

　　「Calling」的英文翻譯可以為「使命」。當使用這個詞的時候，總會帶著一種為其奉獻終生，在所不辭的勇氣和決心。達不到的，充其量你只是一個「Career」的角色。不是每個人都有要走到「Calling」的願望，高處不勝寒，高處少人待。深思兩者的區別，我還是覺得跟人的職業核心價值觀有關。職業的核心價值觀是從屬在人生價值觀體系當中的。當然，不排除不斷沉澱和深化的程序。初見驚豔──你的「Calling」，也許是在你人生勢微之時，那只是一個說出來會被嘲笑的夢想。經過了時光的洗滌，貌非貌，垂暮之年，你有了人生更自由更寬廣的話語權；再見依然──你的 Calling 再度出現在你頭腦，你發現它從未離開過，只是被深藏在心靈最深處。

脫穎而出，終究會綻放

我不僅在職場中收穫了自信與經驗，還在工作中得到了屬於自己的價值和榮譽。但我此時開始思考的不是職業發展道路，而是人生該走向哪個方向：工作、事業，這是兩個不同分量的詞語。

——「那個女人，誰不知道她家有錢啊，說不定家裡和賈斯汀是世交呢！」

——「哎，人家命好，也沒辦法，可是這樣壓在我們頭上，我們當然不服氣啊！她怎麼能升得那麼快！」

——「最慘就是薇薇，妳在行政部這麼多年了，還是櫃檯……」

幾個人正說得熱火朝天的時候，我走了進來，幾個人快速鳥獸散……平時和我關係要好的薇薇，也只好尷尬地點點頭算作招呼，然後就要離開洗手間。

「薇薇……」我喊了一聲。

「下午下班我在一樓等妳。」丟下一句話，薇薇就走開了。

我們來到常去的那家腸粉店，各自點了自己喜歡的食物，默默地吃起來。沒有誰想打破這個僵局，突然間兩人變得如此不自然。最後還是我先開了口：「你們今天是在說薩莉吧？」

薇薇是個好女孩，正經八百的名牌大學畢業，剛到公司還沒有熟悉業務就被派到分公司。這一待就是兩三年，可一直都還是在原來的職位上。她工作能力非常不錯，且踏實努力。可是現在比她晚進公司的薩莉都升了職位，難免她心裡有些不平衡。

我接著說：「妳覺得很不公平？很氣憤？」

我剝開自己盤子裡的海鮮腸粉，把蝦仁挑出來塞進嘴裡。薇薇點點頭：「我知道，我在職場上無法跟妳比，妳是公司中階幹部中唯一被選為栽培對象的女員工，是我們職場女性的驕傲，可是薩莉就不一樣了，我的辦事能力未必不如她。」

我搖搖頭，我心裡當然能夠理解薇薇。在一定程度上說職位是衡量職場價值的重要標準。薇薇不過比我小了一歲，可是職位上卻比我低兩級，「身在職場，我們難免會遇到一些不公平。可能妳的工作環境相對安逸、單純一些，妳受到的委屈並不多。」

我接著說：「一路走來，我遇到很多困難，妳說我有沒有抱怨，肯定有，可是我並不覺得這是壞事。我們很難要求事事都讓自己覺得公平。有些不公平也並不是壞事，反而是一種磨練心智和心態的利器。經歷過之後，心理才會真正成熟和長大。」

薇薇很少聽我說到職場中的委屈，一下子回過神來：「對了，妳上次跟我們說要是今年妳拿不到優秀員工獎妳就離職，是不是因為心中的委屈呀？」薇薇一下子把問題拋到我的身上，

她對我離職的傳聞倒是很認真。這就是還未長大的職場員工，他們經常關注同事的委屈與八卦。

對於薇薇的追問，我知道她此刻已把關注點轉移到我的身上了，跟她聊聊也好：「妳剛才說我是公司中階幹部中唯一被選為栽培對象的女員工，這或許沒有錯，可是妳不知道的是我為什麼想要離職。這麼多年來，我經歷很多坎坷，贏得笑臉，也遭人口水，升遷對我來說固然重要，但是這不是我最需要的。我們無力改變周圍環境和客觀事實，唯一能做的就是改變自己的心態，從容面對它。」薇薇問道：「那妳想要什麼呀？妳知道，像我們這樣的部門，獲得一個中階主管的職位很不容易的，特別是我們女性。」

其實，自從研究所畢業之後，我就開始想思考自己的未來。我需要工作激情，激情是讓我快樂的理由，但我並不想過「日出而作，日落而息」的生活。朋友圈中經常有開玩笑：「今年的優秀員工還會是妳，然後就是升遷，多難得呀，妳根本就離不開那個部門。」

我在出色完成年度工作後，我決定離開原來的舒適區，尋找新的事業起點。面對朋友的調侃，我經常說「如果評不上優秀員工，我就會離開」。可事實是，評上優秀員工才是我離開的重要原因。因為萬一評不上，我反而還會留在那個舒適的區間。

在年度表彰會上，我不出意外地再次獲得年度優秀員工的稱號，在主管、同事都在為我慶賀的時候，只有熟悉我的人才知道，我已經悄悄把離職報告寫好了。那宣布優秀員工聲音的落地就是我發出離職郵件的鬧鈴。

很多時候，短暫的忍耐和轉身，並不是退縮，往往是為了蓄積破繭高飛的力氣！我在職場歷程中，經歷過「人間極品」，也經歷過「人間苦難」，但我最終還是憑藉堅強的毅力和「事業的態度」，披荊斬棘，化繭成蝶。

怡彤老師說 ··

如果說，人生是一場修行，那麼職場在這場修行中，可是占據了三分之一的時間。芸芸眾生，修行效果如何，且要參看職場的所思所行。讀過納蘭性德的《人生宛如初相見》都會為其洞悉人性的深刻而感動、喟嘆。最美的初見和再見狀態是：初次見面的驚豔，再次見到依舊如此 —— 人性在與人、事、境層面的深度黏合。

從心理學來看，要做到「人生宛如初相見」，要求主體和客體都要不斷更新變化去進一步滿足對方，刺激更多的認知和情緒的興奮點。要做到這點，實屬不易。

職場如道場，如想做到在歷經多年後，保持對所處的職

業、行業如初次相逢般的熱愛，依靠什麼呢？

　　一位公司高階主管曾在跟我聊天的時候提到，他所處的行業，他不盡然全是熱愛。但為了讓自己保持對工作的熱情和投入，他總會主動尋找新的興奮點刺激和強化這份熱愛。在他看來，「熱愛」一定要顯現為具體的、可見的成就感。這與心理學當中的行為認知的原理同出一轍，不斷正面強化，喚醒生理和心理的能量機制，從而尋找更高的意義。用一條直線，就可看透職場匆匆幾十年光景。如下圖：

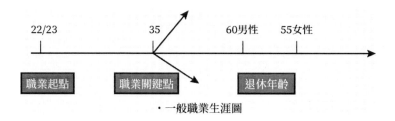

· 一般職業生涯圖

　　大學畢業，進入職場，一般都是 22 ～ 23 歲，這可以說是職場起點。大多數人的職場起點其實都是一樣的，可是為什麼終點卻各不相同？有些人少年得志，有些人大器晚成，而更多的人是碌碌無為，為五斗米折腰，最後被職場淘汰。幾乎每個人初入職場都會有自己的規劃。一般規劃都是 5 年為一個階段，也稱職業 5 年規劃。一般到了 35 歲，經歷了 12 ～ 13 年的經驗累積、知識儲備和職場摸爬滾打，2 個規劃期也已經完成，形成職場關鍵點 —— 代表著你的核心關鍵能力已經形成並且初具成

效：你在某個行業領域，某個職位的經驗能具備一定的話語權和選擇權。有道「書宜雜讀，業宜精鑽」，職場關鍵期，就是從寬度走向高度和深度的蛻變。在獵頭圈裡有一句話：40 歲前還未跳入獵頭的名單，那麼就很難走上職場上坡路。

35 歲是一個分水嶺。是厚積薄發？還是江河日下？厚積薄發指的是你的職業能力得到廣泛認可，職業佳績有目共睹，職業進入「品牌期」。如果說每個人都是一家公司的話，那麼 35 歲就是這個公司投入產出的最佳回報期的開始。

反之，就是職業退化期。職業退化的表現：

- 工作激情減弱
- 學習能力退化
- 危機意識消退
- 創新能力消減
- 身體素養下降

進入職場，大部分人都懷著自己的夢想，當夢想和現實不斷碰撞時，夢想被不斷修正或是被迫更改，到最後可能和你的初衷南轅北轍。這時很容易造成一種尷尬的局面：如我，做過文案宣傳、做過行政工作、後來又做了人力資源管理。做得越多越雜，越容易迷失。可是這個過程是必須經歷的，這個過程

是我們個體不斷選擇職業發展方向的契機，也是組織和公司不斷培養個人的階段。

21 世紀，不缺受過高等教育的人，而是缺少能夠持續學習、持續進步的人。職場的可怕在於「學習能力退化」，學習力是保障職場持續成長的動力，學習力比學歷更為重要。

有時我在培訓現場常常看見那些臉上一片淡然和茫然的中年基層學員，說什麼新知識、新理念都好像聽過、懂得，可是卻沒有把此作為新的行動力。我常說，知道的多而不變，比不知道更難進步。請不要忘記來時的初衷，減緩「危機意識」的退化，需要在工作中不斷設定新目標，不斷進步。「老員工」切莫因為自己的「資質」而覺得淘汰離自己很遠。我們不僅要使自己保持良好工作狀態，還要不斷使自己增值，保持競爭力。

首先，保持持久的工作熱情。在工作中尋找更多的樂趣，讓工作成為一項吸引你的事情，而不是被動地強迫自己去喜歡工作，那樣反而適得其反。

其次，多和正能量的人在一起，保持和職場退化人群的距離。不要讓職場退化人群的消極情緒影響自己。

最後，專注是永恆不變的主題。以達到某項專業的高度和深度為目的，自然會有厚積薄發的一天。

我們並不需要多麼迷茫，只要堅持住內心的自己。在不斷

嘗試中去選擇一個最適合自己發展的點，往高度和深度努力，結果自然不會虧待你。

厚積薄發，如果在厚積的階段就放鬆，那麼多麼完美的職業規劃也會變成職業退化。職場是殘酷的，優勝劣汰永遠是主調，如何做到張弛有度，把自己的職業定位做好長、短期的職業規劃目標，還要看看自己在工作中是否退化了。

因此，不難理解，為何很多曾經處在職場高峰的人，不繼續爬那座高山而是轉入小徑，走一條不被人理解的路徑。可又誰知道，這難道不是他年少時候的夢呢？

幸福職場說

身處一個陌生的環境時，因為不清楚周圍的狀況，我們往往會根據以往的經驗尋找出相類似的主觀判斷，當主觀判斷是輕鬆時，我們會感覺相對放鬆。消極和負面構成了我們的負能量場，它們很容易相互傳染，只有堅定的內心，才能抵制負能量的傳染。

想進入「TA」心裡，溫暖、付出必不可少；越幸福的人，越樂意接受。不幸的人，越淡忘。一切都不是偶然發生的，機會只留給有準備的人。

職場也是「心理」競技場，我們在這場競爭中，要發揮心思縝密、柔性等特點，看到機遇，抓住機遇，實現自身和團隊的突破。

職場良師可遇不可求，保持職場的求學進取精神，才是新人的高明之處。

走出工作拖延的陰影，用高效撐起職場的一片藍天。

心流（Flow）又稱「福流」，愛上工作，就是創造更多的「福流」。

用思想開啟世界的大門的鑰匙，使正能量的種子在團隊中茁壯成長。

在職場的博弈中，「犧牲」不代表成功。職場成功預示著一種自我覺察和修復力的提高。

做人首先要謙虛。如果把自己想得太好，就很容易將別人想得很糟。謙虛要有個尺度。謙虛不是把自己想得很糟。

視工作為樂趣，工作就是職場的天堂。

從今天起，做個充滿正能量的人，如太陽般燦爛，如鮮花般美麗，如藍天般明朗。

電子書購買

爽讀 APP

國家圖書館出版品預行編目資料

職場蛻變，新手到達人的轉變之路：解鎖高效
工作能力，加速你的職業生涯成長 / 施怡彤 著 .
-- 第一版 . -- 臺北市：財經錢線文化事業有限公
司 , 2024.03
面；　公分
POD 版
ISBN 978-957-680-797-8(平裝)
1.CST: 職場成功法
494.35　　113002229

職場蛻變，新手到達人的轉變之路：解鎖高效工作能力，加速你的職業生涯成長

臉書

作　　　者：施怡彤
發 行 人：黃振庭
出 版 者：財經錢線文化事業有限公司
發 行 者：財經錢線文化事業有限公司
E - m a i l：sonbookservice@gmail.com
粉 絲 頁：https://www.facebook.com/sonbookss/
網　　　址：https://sonbook.net/
地　　　址：台北市中正區重慶南路一段六十一號八樓 815 室
Rm. 815, 8F., No.61, Sec. 1, Chongqing S. Rd., Zhongzheng Dist., Taipei City 100, Taiwan
電　　　話：(02) 2370-3310　　傳　　　真：(02) 2388-1990
印　　　刷：京峯數位服務有限公司
律師顧問：廣華律師事務所 張珮琦律師

定　　　價：375 元
發行日期：2024 年 03 月第一版
◎本書以 POD 印製
Design Assets from Freepik.com